烧杯君的
快乐化学实验

[日]上谷夫妇/著

丁子承/译

凌秀华/中文审校

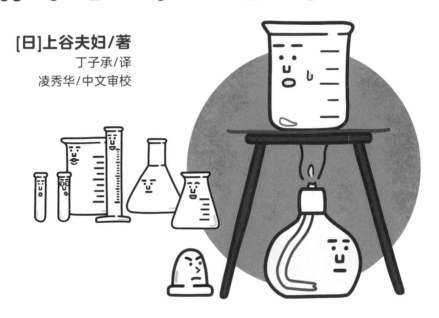

中国出版集团　现代出版社

前言

大家好，我们是擅长画理科漫画的插画师——上谷夫妇。先自我介绍一下，我们俩是一对夫妻，丈夫曾任某化妆品厂商的研究员，妻子是前体育人士。这本书的插画工作主要由丈夫负责，而着色等工作则是由妻子负责的（顺便说一句，这个『前言』是丈夫写的）。

虽然我们是以理科插画师的身份完成这本书的，但由于妻子不是理科出身，所以在制作期间就需要一边细细地为她讲解、一边慢慢推进，有时也会遇到我以为她懂了实际上她却完全没懂的情况，总之我们是在不断地讨论中完成了绘画。

『烧杯君』本来是我在当研究员时期出于兴趣而画出来的角色，后来又陆续画了其他角色。这本书里会有150多种角色登场。

本书是由烧杯君来介绍各种各样的化学实验，总计超过20种。其中既有『钢丝绒燃烧实验』这样神奇的实验，也有『用索氏萃取器萃取芝麻油』那样枯燥乏味的实验。书中将它们分为『制备』『测量』『观察』『分离』

这四个类别再加以介绍。

不过，这些只是按照我的个人看法来分类的，所以也许有人会对此抱有疑问。比如，『制备明矾结晶的实验用的是再结晶（一种提纯方法），应当归在「分离」类别里！』『钢丝绒燃烧时会产生氧化铁，所以应该在「制备」类别里！』这类意见，就请先不要提了……

对于中小学读者来说，这本书不能算是参考书，而是在读的时候，会让大家发出『竟然还有这种实验』『我做过这种实验』这类感叹的趣味读物。

如果有读者能够由此爱上科学和化学，我会十分开心的。

感谢撰写专栏的山村先生、设计师佐藤先生、编辑杉浦先生以及小鸟社的小鸟先生。由于各位的帮助，才又有了这本快乐的小书。

那么，请带着身处实验室的心情，开始阅读这本书吧！

上谷夫妇

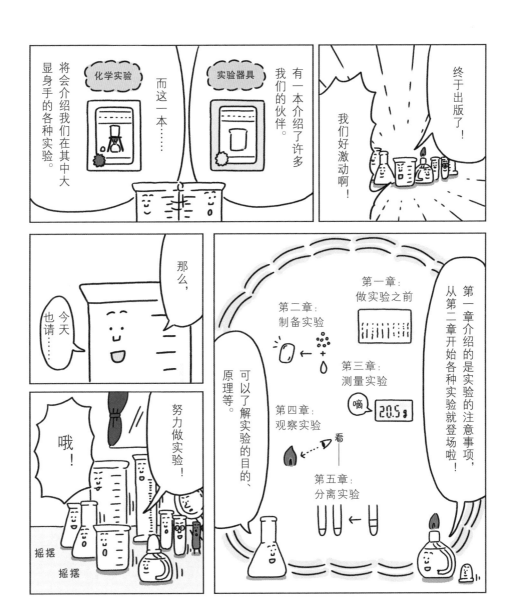

烧杯君笔记

► 化学实验

词典上说，实验是"为了验证事物的正误而'实际'去做的事，用'实际'去验证理论和假说"。这里的"实际"非常重要，不去做就没办法开始（虽然也有不用实际动手的"思考实验"）。虽然烧杯君们被收集、陈列、观赏时也很开心，但它们存在的意义还是在于实验。请欣赏它们在本书中大显身手的模样吧！如果我们"实际"去研究做法，再亲自去做实验，那就会更加快乐了！

目录

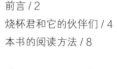

3 CHAPTER 3
测定实验

1 CHAPTER 1
做实验之前

2 CHAPTER 2
制备实验

〈专栏：山村绅一郎〉

本书的阅读方法

角色图鉴

实验图鉴

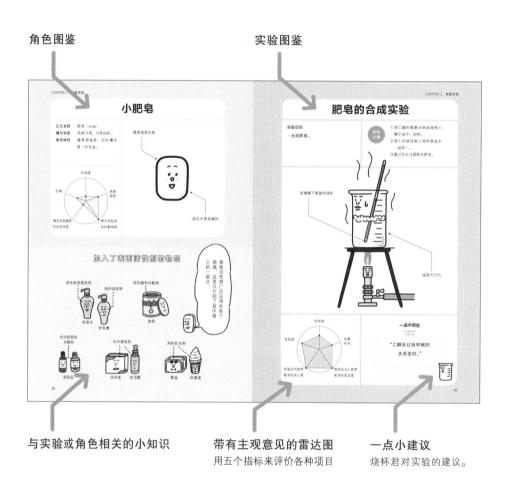

与实验或角色相关的小知识

带有主观意见的雷达图
用五个指标来评价各种项目

一点小建议
烧杯君对实验的建议。

　　本书由烧杯君等实验器材角色来解说实验，并通过漫画和图鉴的形式介绍它们的活动。

　　有时，为了插画的需要，本书中会省略本应有的铁架台，在此对铁架台的粉丝们表示最诚挚的歉意，敬请谅解。

CHAPTER 1

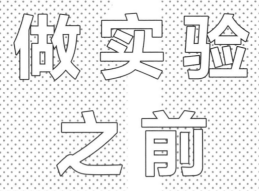

做实验
之前

关于实验的 10 条心得

详细内容请看下一页哦！

① 预习实验的目的和方法，了解实验流程。

器具的使用方法

药品的性质

实验

目的

嗯嗯

② 准备充分的器具、药品和材料。

材料

药品

器具

③ 将做实验的桌子收拾干净。

最重要的是整洁！

唰

④ 无用的东西不要拿进实验室。

实验记录本

圆珠笔 可以

食品饮料

游戏机 不行

⑤ 穿着适合实验的服装。

不要忘记护目镜和白大褂。

为了安全又有效地进行实验，请务必遵守这些规则！

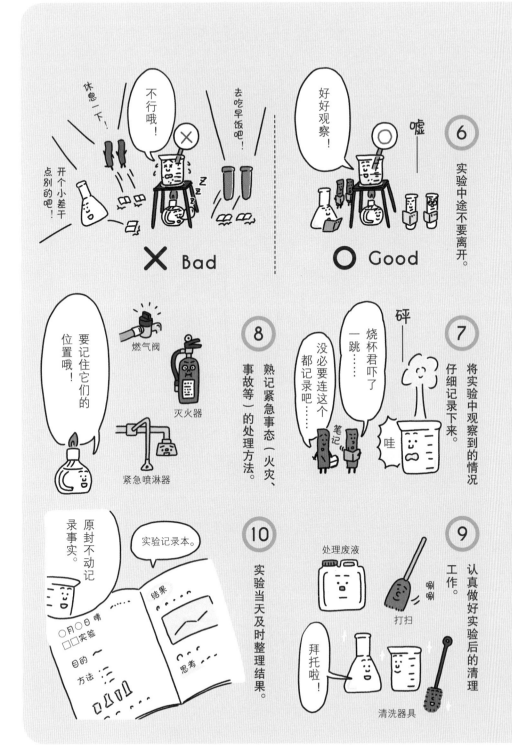

安全实验的要点

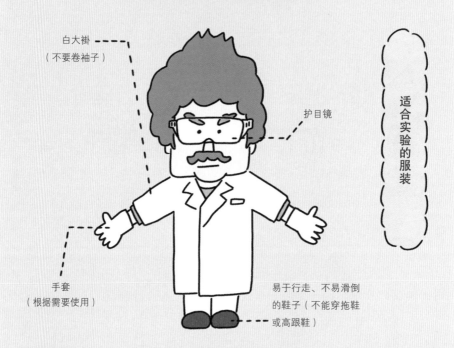

白大褂
（不要卷袖子）

护目镜

手套
（根据需要使用）

易于行走、不易滑倒
的鞋子（不能穿拖鞋
或高跟鞋）

适合实验的服装

可燃性液体

有爆炸的危险，绝对不能靠近
火源（乙醚、甲醇等）。

酸、碱

沾在皮肤或眼睛上会损伤皮肤和
黏膜。请务必使用护目镜和手套
（盐酸、氢氧化钠溶液等）。

首先要充分理解物
质的性质，然后再
使用。

试剂瓶君

有毒物质、剧毒物质

即使含量很少也非常危险。有
毒气体（汞化合物、氨水等）
必须在排气装置（如通风柜等）
中处理。

这些物质要小心

发生事故时的应急处理

除了轻度的划伤、烫伤，其他情况下都要马上送往医院！

① 划伤时。

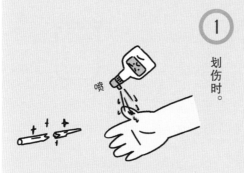

去除玻璃碎片，进行消毒和止血。

③ 沾到药品时。

沾到粉末状药品时，先清除，再冲洗。

用大量清水冲洗15分钟以上。

② 烫伤时。

用冷水冲洗烫伤处，持续10分钟以上。

⑤ 误饮药品时。

马上吐出。如果已经喝下去的话，就大量喝水。

④ 药品进入眼睛时。

睁开眼睛用清水冲洗，同时要反复眨眼。

高型烧杯君

帅气的下颚充满了魅力。擅长混合已经加热的液体。

锥形烧杯君

做事认真，在中和滴定实验里非常活跃。

烧杯君

书中的主人公。擅长容纳液体。活跃在各种实验中，但刻度仅可参考。

量筒君

站得不太稳。但刻度比烧杯君更精确。

具支烧瓶君

不会拒绝他人的性格。擅长分离气体。

锥形瓶君

正式名称是三角烧瓶。绝对不可以加热！

本生灯君

拥有一颗炽热的心。无法移动算是美中不足。

酒精灯君和灯帽君

擅长慢慢加热液体。灯帽君会帮忙灭火。

试管兄弟

好奇心旺盛的兄弟。左边是哥哥，右边是弟弟。擅长让少量试剂发生反应。

电子天平
水平仪中的气泡君

负责显示电子天平君有没有保持水平，但并不沉稳，总是动来动去。

电子天平君

最重要的是保持水平。常常忘记归零。

托盘天平君和
两位托盘君

通过左右平衡来测量重量。凡事追求黑白分明。

漏斗妹妹

文静优雅。擅长将液体集中到一处。

安全胶帽君

擅长吸取和排出液体。移液吸管君的搭档。

移液吸管君

擅长吸取固定容量的液体。不可加热干燥。

直形冷凝管君

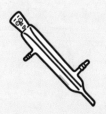

拥有直率的性格。擅长将蒸汽冷却成液体。水从下往上进。

玻片君

稳重载玻片君与随性盖玻片君的组合。

布氏漏斗爷爷

擅长抽气过滤。有时候会戴着眼镜找眼镜。

烧杯的使用方法

烧杯擅长盛放液体，并使其发生反应。因此多为玻璃材质，使用时注意轻拿轻放。

倒入液体的方法

咕嘟咕嘟

用玻璃棒贴住烧杯壁，将液体沿玻璃棒缓缓倒入。

拿取的方法

一只手托住底部，另一只手握住烧杯的侧面。

干燥的方法

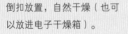

倒扣放置，自然干燥（也可以放进电子干燥箱）。

清洗的方法

先清洗外侧。

刷刷刷

用烧杯刷蘸少许洗涤剂，清洗烧杯内外侧。

加热的方法

空烧可不行哦！

一定要把加热用的石棉网垫在下面才能加热。

试管的使用方法

加热的方法

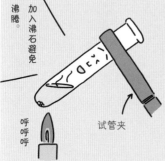

沸腾。

加入沸石避免

呼呼呼

试管夹

加热时向上倾斜，轻轻摇晃。

摇晃的方法

放入的试剂不超
过试管的 1/4。

摇晃

握住上方，左右摇晃底部。

试管擅长使少量试剂发生反应。
注意别让它们滚来滚去。

清洗的方法

清洗前和清洗后，遇到水时……

后 前

表面形成干
净的水膜。

表面到处都
是水珠。

哗——

③

用自来水仔细冲
洗，也可以用纯
水冲。

刷一刷，刷一刷！

②

上下移动试管
刷（不要戳破
管底）。

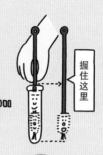

握住这里

①

把试管刷插到适
当位置，注意，
别戳到管底。

酒精灯的使用方法

酒精灯擅长缓缓加热。使用时有许多注意的要点，比如装的酒精量、灯芯露出的长度等。

使用前的检查

不用的时候要盖上灯帽

防止酒精挥发

灯帽君

灯芯露出的长度正确吗？

○	✕	✕
适当	太短	太长

（5毫米左右）

酒精是不是装了大概八成满？

灯芯有没有充分浸泡在酒精里？

有没有破损的地方？

熄灭的方法　　　点火的方法

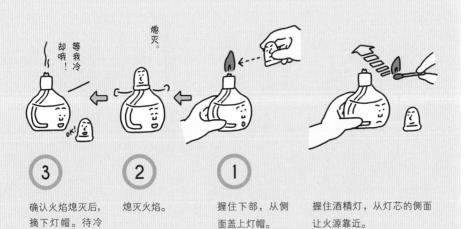

熄灭。

等我冷却哦！

OK!

3 确认火焰熄灭后，摘下灯帽。待冷却后再重新盖上灯帽。

2 熄灭火焰。

1 握住下部，从侧面盖上灯帽。

握住酒精灯，从灯芯的侧面让火源靠近。

不能这样做

不要改变本体和
灯帽的组合。

不能用一个酒精灯给另一个
酒精灯点火。

不能在燃烧着的
状态下搬运。

不要放在不稳的地方。

不要放在易燃物的附近。

不能用嘴吹灭。

本生灯的使用方法

使用前检查

本生灯的火焰温度比酒精灯高，擅长强力加热。因为火力很猛，所以使用时必须更加小心。

空气调节旋钮、煤气调节旋钮、开关都是关闭状态吗？

橡胶管有没有破损？

总开关是关闭状态吗？

橡胶管套紧了吗？

周围有易燃物吗？

点火的方法

空气量适中 ○

空气量不足 ✕

空气量过多 ✕

这里！

嘭

转转

④ 用空气调节旋钮来调节火焰。

③ 点燃火柴，从侧面凑近，将煤气调节旋钮向左转，点燃火焰。

② 打开本生灯上的煤气开关。

转

① 打开煤气总开关。

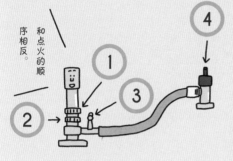

熄灭的方法

和点火的顺序相反。

① ③ ② ④

①关闭空气调节旋钮。
②关闭煤气调节旋钮。
③关闭本生灯上的煤气开关。
④关闭煤气总开关。

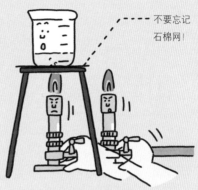

加热的方法

不要忘记石棉网！

握住本生灯的下部，缓缓移动到待加热物体的下方。加热结束后，再慢慢从侧面拉出。

不能这样做

呼——

不行——

不能用嘴吹灭。

还很烫的！

烫烫烫

熄火以后也不能马上触碰。

让我看看……

有时候，火焰会突然蹿高，头凑在上面会很危险。

不能从火焰上方观察。

21

托盘天平的使用方法

托盘天平会利用砝码来称量物体的重量。仪器很精密，要小心使用。

※称取指定分量的情况。

使用方法※

OK

沙沙

③ 当指针停在刻度正中时，测量完成。

② 将试剂放在另一边的托盘上。

① 根据待称量的重量，放上相应的砝码，并调节游码到相应刻度（先要将称量纸放到两边的托盘上）。

保管的方法

将两块托盘放到天平的同一侧，用它们的重量让指针停止摆动。

不能这样做

哗啦

这可不行！

不能弄湿。

测不出正确的值啦！

不要在倾斜的地方测量。

电子秤的使用方法

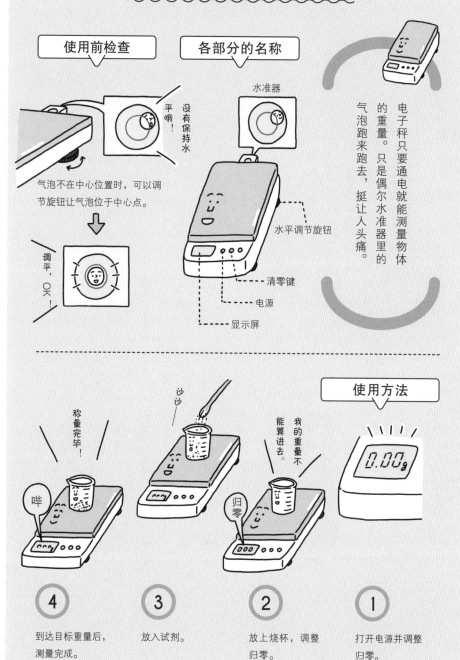

使用前检查

各部分的名称

平哦！

水准器

没有保持水

气泡不在中心位置时，可以调节旋钮让气泡位于中心点。

调平，OK！

电子秤只要通电就能测量物体的重量。只是偶尔水准器里的气泡跑来跑去，挺让人头痛。

水平调节旋钮

清零键

电源

显示屏

使用方法

称量完毕！

沙沙

我的重量不能算进去。

0.00g

哔

归零

④ 到达目标重量后，测量完成。

③ 放入试剂。

② 放上烧杯，调整归零。

① 打开电源并调整归零。

三种吸管的使用方法

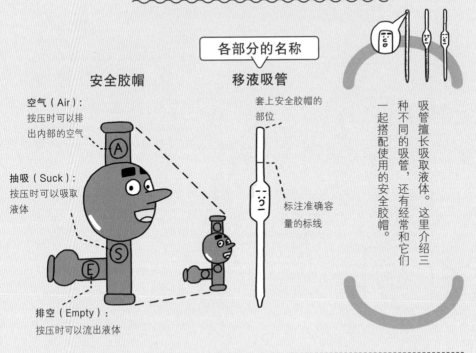

吸管擅长吸取液体。这里介绍三种不同的吸管，还有经常和它们一起搭配使用的安全胶帽。

各部分的名称

安全胶帽

空气（Air）：
按压时可以排出内部的空气

抽吸（Suck）：
按压时可以吸取液体

排空（Empty）：
按压时可以流出液体

移液吸管

套上安全胶帽的部位

标注准确容量的标线

使用方法

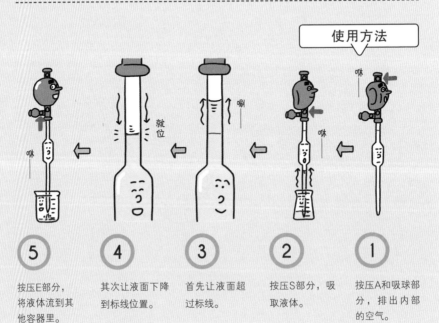

⑤ 按压E部分，将液体流到其他容器里。

④ 其次让液面下降到标线位置。

③ 首先让液面超过标线。

② 按压S部分，吸取液体。

① 按压A和吸球部分，排出内部的空气。

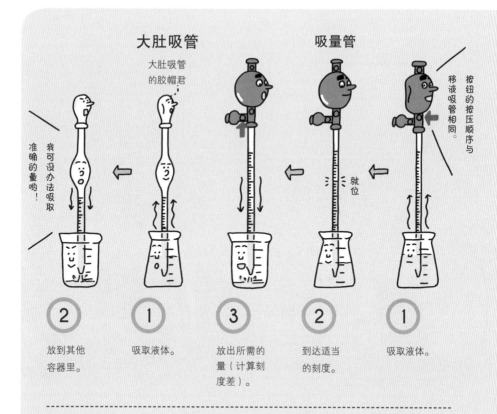

大肚吸管

大肚吸管的胶帽君

我可没办法吸取准确的量哟!

(2) 放到其他容器里。

(1) 吸取液体。

吸量管

就位

按钮的按压顺序与移液吸管相同。

(3) 放出所需的量(计算刻度差)。

(2) 到达适当的刻度。

(1) 吸取液体。

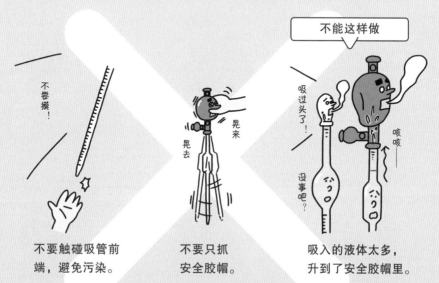

不能这样做

不要摸!

晃来晃去

吸过头了!

咳咳

没事吧?

不要触碰吸管前端,避免污染。

不要只抓安全胶帽。

吸入的液体太多,升到了安全胶帽里。

烧杯君笔记

▶ 实验室应该
经常整理，
并按照正确
的方法进行
实验

COLUMN

下一章的主题是这个

制备实验

    下一章的主题是"制备实验",它是化学的基础。比如,电视剧、动画片里出现的化学家,经常会把身份不明的试剂放在烧杯或者烧瓶里面进行混合,合成某种诡异的物质。现代化学虽然并不诡异,但确实每天都在合成各种东西,也就是每天都在做"制备实验"。有时候是关注制备的过程本身,有时候则是为了制备出特定的物质。总之,虽然都叫作"制备实验",但是实际上内容会有各式各样的面貌。

    在科学发展的历史中,有过许多重要的合成实验。从公元前一直盛行到17世纪的炼金术,促进了物质性质与化学现象的探究。比如在美索不达米亚文明初期,公元前3000年左右(苏美尔文明时期)制造的合金"青铜",就是化学改变世界的一个例子。将锡混到铜里,不仅熔点下降,容易加工,而且凝固以后会变得比铜更坚硬。铜和锡混合后的材料变成了更为优异的物质,经常被用于工具和武器的制作中,并且在后来发展成金属的理工科学,称为"冶金"。

    而在19世纪急速发展的有机化学,大大拓展了人类的"知识"领域。特别要介绍的一个例子是在1953年开展的"米勒—尤列实验"。当时人们认为原始地球的大气和海洋中具有氢气、水、甲烷、氨等物质,这项实验就是将这些物质装在烧瓶里,并用放电来模仿闪电。实验想要回答的问题是,为什么在仅有无机物的地球上,会诞生有机物的生命呢?实验结果并没有产生生物(至今也还没有产生),却观察到了氨基酸的合成,这是蛋白质的基础。尽管后来有各种批评的声音出现,认为这不是生命诞生的重要因素,但这仍然是大大改变了人们对生命起源看法的重要实验。

    如今,我们周围充满了以塑料为首的各种化学合成物。"制备实验"不仅能够改变人类的生活与思想,也是实现科学文明、丰富现代生活的基础之一。

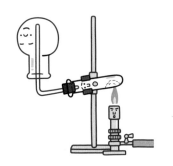

CHAPTER2

制备
实验

制备气体并验证其性质

本次的主题是物质的状态之一——气体。

本次实验

生成并收集气体，再验证其性质。

Memo
理解气体的特性

哦哦

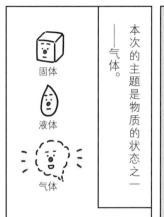

固体

液体

气体

① 生成气体

嗯，怎样才能制造出气体呢？

首先，气体有各种各样的。

没错！

交给我吧！

氧气君！

O_2

氧气君

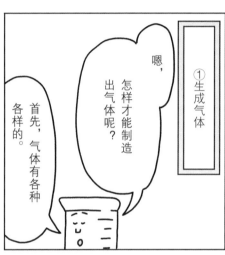

气体

化合物
无数

单质
H O F
Cl N

再加上6种惰性气体，共计11种

以单质来说，常温常压下为气体的单质只有11种。

如果再把二氧化碳之类的化合物算进去，那就有更多了。

生成气体的示意图（氢气的情况）

锌　稀硫酸　硫酸锌　氢气

$Zn + H_2SO_4 \rightarrow ZnSO_4 + H_2\uparrow$

氢气
H_2

咻
噼啪
嘛

硫酸
锌

嗯嗯

另外，许多化学反应都会产生气体，而由于种类太多，所以这里以氢气为例。

30

② 收集气体

制造气体的方法有很多，但收集气体的方法只有3种。

可以根据气体的性质使用这3种方法。

生成的气体易溶于水吗？

比空气轻？ 比空气重？

轻 → 向下排气法

重 → 向上排气法

No → 排水集气法

Yes

咦？

为什么只有排水却还要加『集气』两个字呢？

好问题！

哪里怪怪的……

其实是因为，已经有实验叫作排水法了……

排水法

测量固体样本密度的方法。

将样本放入液体中，再测量密度。

原来如此！

如果叫同样的名字，就会搞混哪！

明白了！

③ 验证性质

就算生成气体、收集成功，如果得到的是完全不同的气体，那也没有意义。

所以，验证生成气体的性质也很重要。有各种方法可以根据不同气体的特征进行验证。

验证气体的方法（以氢气为例）

氢气（易燃）

火焰凑近时，会燃烧起来并发出轰响。

嘭

原来如此~

那么，接下来我将介绍生成气体的实验。

31

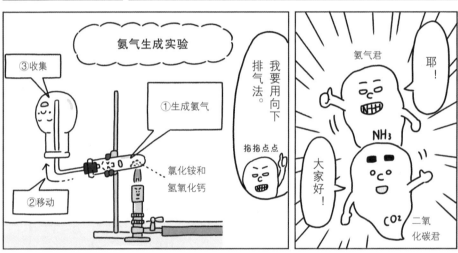

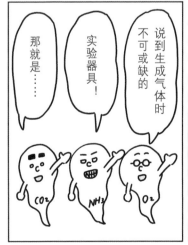

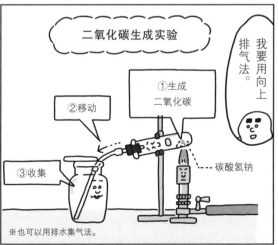

烧杯君笔记

▶ 气体的收集方法有3种

启普发生器很神奇。3个圆球的造型很帅气，"只能用于生成气体"的专情也很值得称赞。某大学的化学实验期末考试中曾出现过这样的问题："请绘制并概述启普发生器的原理和用法。"没好好听课的学生就是一副"啊，什么玩意儿"的状态，最后没办法，只好细致地画了一幅地铁闸机的结构图（那时候还没出现自动闸机），总算拿到了及格的分数。阅卷的老师真是体贴啊（反正不是我）。

氧气生成实验

实验目的

·生成并收集氧气，验证其性质。

实验步骤

①将二氧化锰放入锥形瓶中。
②安装好设备，注入双氧水。
③收集生成的氧气，盖好盖子。
④将蜡烛放入收集处，确认火焰燃烧得更剧烈（验证为氧气）。

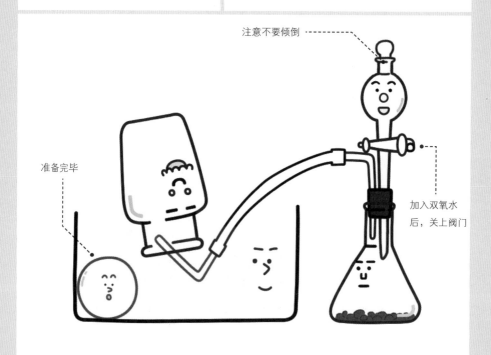

注意不要倾倒

准备完毕

加入双氧水后，关上阀门

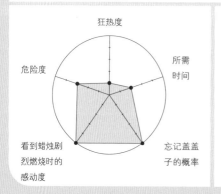

狂热度

所需时间

危险度

看到蜡烛剧烈燃烧时的感动度

忘记盖盖子的概率

一点小建议

Onepoint Advice

"实验最开始排出的气体，

是原本存在于锥形瓶中的空气，

不需要收集哦。"

34

氨气生成实验

实验目的

· 生成并收集氨气，验证其性质。

实验
步骤

①将试剂放入试管中。

②安装好设备，开始加热。

③当圆底烧瓶中发出刺鼻的气味后，把浸过水的石蕊试纸放到烧瓶口，确认试纸变成蓝色（验证为氨气）。

将玻璃管伸到最上面

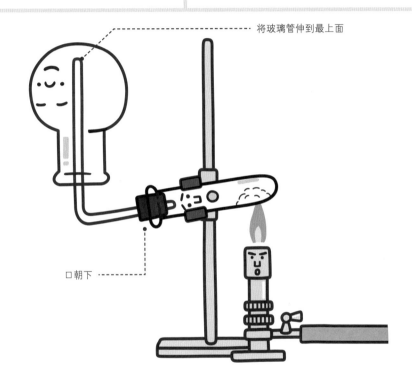

口朝下

一点小建议

Onepoint
Advice

"在闻氨气气味的时候，

不要直接去闻瓶口，

要用手轻轻扇动着闻。"

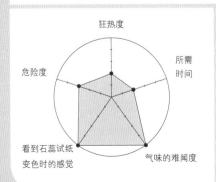

狂热度

所需
时间

危险度

气味的难闻度

看到石蕊试纸
变色时的感觉

二氧化碳生成实验

实验目的

·生成并收集二氧化碳，验证其性质。

 实验步骤

①将碳酸氢钠放入试管中。
②安装好设备，开始加热。
③反应数分钟后，将集气瓶的盖子盖上。
④往集气瓶中迅速倒入石灰水，充分振荡，确认石灰水变白（验证为二氧化碳）。

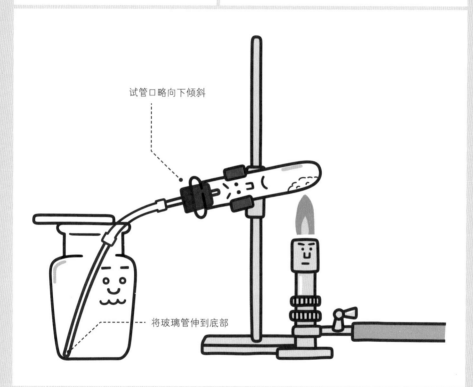

试管口略向下倾斜

将玻璃管伸到底部

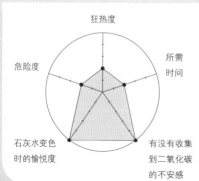

狂热度

所需时间

危险度

石灰水变色时的愉悦度

有没有收集到二氧化碳的不安感

一点小建议

Onepoint
Advice

"如果要收集高纯度的

二氧化碳，

就需要用排水集气法。"

{ 身边的气体 }

好多好多哦！

二氧化碳

就是干冰。

我的固体形式

- 无色无味
- 比空气重
- 能和石灰水发生反应，出现白色混浊状
- 溶于水

噗噜噜

氮气

也以液氮的形式用在磁悬浮列车中。

- 无色无味
- 比空气轻
- 用作喷雾制品的喷射剂

咻

氢气

宇宙中最多的元素……

- 无色无味
- 比空气轻
- 会爆炸
- 用作火箭的燃料

嘭嘭嘭

氧气

呼吸少不了。

- 无色无味
- 比空气重
- 液体形态具有磁性
- 用于气焊

嘶嘶嘶

硫化氢

很危险哦！

- 无色
- 臭鸡蛋味
- 比空气重
- 属于一种火山气体

氦气

是宇宙中第二多的元素，仅次于氢……

He

- 无色无味
- 比空气轻
- 是沸点最低的元素（-269℃）
- 也常被用于填充气球

启普发生器君

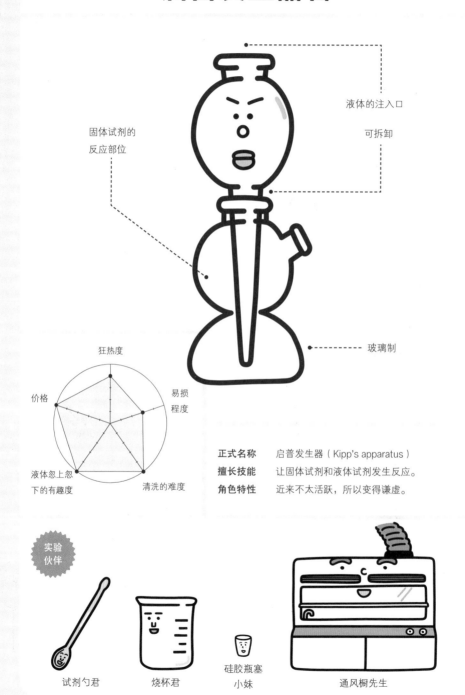

液体的注入口

可拆卸

固体试剂的
反应部位

玻璃制

狂热度

价格

易损
程度

液体忽上忽
下的有趣度

清洗的难度

正式名称 启普发生器（Kipp's apparatus）
擅长技能 让固体试剂和液体试剂发生反应。
角色特性 近来不太活跃，所以变得谦虚。

实验
伙伴

试剂勺君

烧杯君

硅胶瓶塞
小妹

通风橱先生

{ 启普发生器的使用方法 }

详细

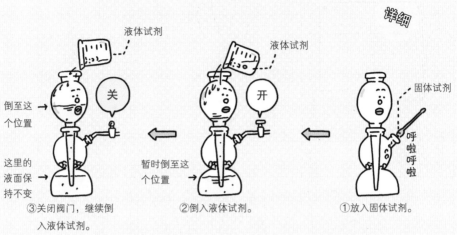

液体试剂

倒至这个位置 →

这里的液面保持不变

③关闭阀门，继续倒入液体试剂。

关

←

液体试剂

暂时倒至这个位置

②倒入液体试剂。

开

←

固体试剂

呼啦呼啦

①放入固体试剂。

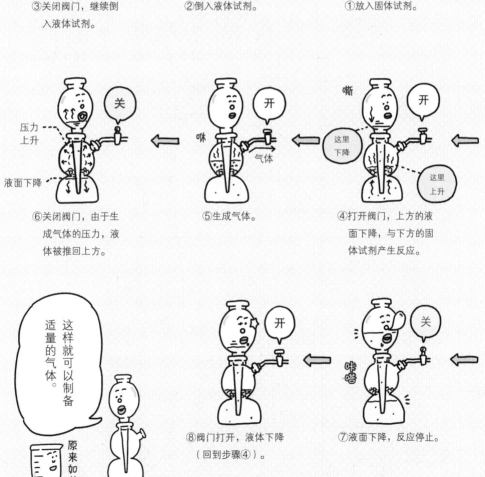

压力上升

液面下降

⑥关闭阀门，由于生成气体的压力，液体被推回上方。

关

←

咻

气体

⑤生成气体。

开

←

嘶

这里下降

这里上升

④打开阀门，上方的液面下降，与下方的固体试剂产生反应。

开

这样就可以制备适量的气体。

原来如此

开

←

咕噜

⑧阀门打开，液体下降（回到步骤④）。

⑦液面下降，反应停止。

关

←

制造结晶需要时间

说到结晶，水晶和钻石都很有名。

水晶（二氧化硅的结晶）

钻石（碳的结晶）

但这里的主角是明矾。

本次实验
制备巨大的明矾结晶

Memo
亲身感受再结晶

这可是夏季自由研究的固定项目哟！

知道！

钾明矾

KAI（SO₄）₂·12H₂O
（十二水合硫酸铝钾）

用作腌菜的着色剂等。

正式名称

这么长啊！

明矾有若干种类，最有名的是钾明矾，也就是通称的明矾。

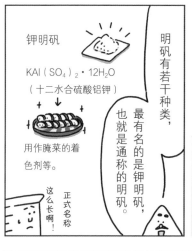
明矾结晶爷爷

谁能和我解释下，明矾到底是什么？

烧杯君，我来告诉你！

太好了！

虽然感觉自己好像知道……

等等啊……

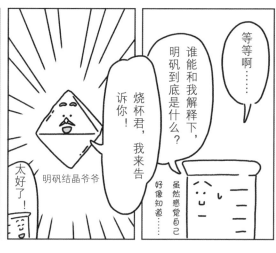

明矾的溶解度曲线

温度UP，溶解量也UP！

100g水的溶解量（g）

温度（℃）

你看左边这张图，温度一上升，明矾的溶解量就会迅速增加。

要制备明矾的巨大结晶，该怎么做呢？

运用『再结晶』的方法就行啦！

再结晶？

俺就是这么出生的。

高温溶解的状态

透明

冷却

再结晶

原来如此

从高温溶解的状态冷却下来，无法继续溶解的明矾就会被挤出来。这就是『再结晶』。

明矾结晶的制备步骤

接下来介绍实验步骤。

①配置明矾的饱和水溶液，静置一日。

②从底部析出的结晶中，选出形状合适的作为晶种。

③加热水溶液，然后冷却到30℃。

④将晶种吊在③的溶液里，静置。

⑤重复③④步，让结晶变大。要做好多次。

实验完毕

搞定！

次要做几啊？

慢慢冷却

这个实验的要点在于慢慢降低温度。

还有就是要重复好多次。

嗯嗯

这样，就能做出又大又美丽的结晶，就像我这样！

那不可能。

烧杯君可不是结晶啊。

失望……

如果我加把劲的话，也能变大吗？

烧杯君笔记

▶ 明矾的正式名称可长了

正像结晶爷爷说的，在制备明矾结晶的时候，最重要的是"如何慢慢降低温度"。实验室通常具有调节温度的设备——恒温器，但是一般家庭里通常是没有的。所以这时候想到的就是取暖炉。得到晶种以后，把烧杯放进泡沫箱，再收到暖炉里，通过温度调节旋钮。每隔几小时调节一次，从最高温度一点点降温，几天的时间就能制成巨大的结晶。不过，如果踢翻了的话，那就是个悲惨的冬天了（亲身经历）。

明矾结晶生成实验

实验目的

· 制作明矾结晶。

实验步骤

①配置明矾的饱和水溶液，放入泡沫箱，静置1日。

②从底部形成的结晶中挑选形状合适的作为晶种。

③加热水溶液，等待全部溶解后，冷却到30℃。

④将晶种吊在③的水溶液中，在步骤①的同等条件下静置。

⑤静置后，重复③④步骤，让结晶变大。

不要让尘埃进入

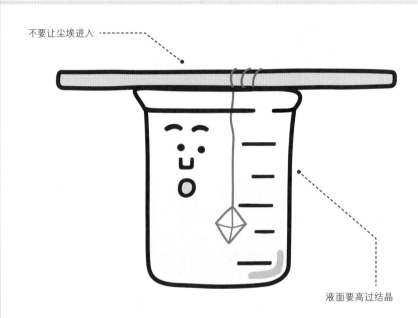

液面要高过结晶

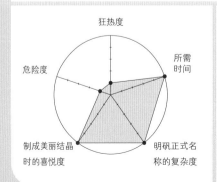

狂热度

所需时间

危险度

制成美丽结晶时的喜悦度

明矾正式名称的复杂度

一点小建议

Onepoint Advice

"尘埃落进去会变成核，

就会导致出现形状怪异的结晶。

还有不要忘记盖上

泡沫箱的盖子。"

明矾结晶爷爷

正式名称 十二水合硫酸铝钾结晶
（crystal of aluminum potassium
sulfate dodecahydrate）
擅长技能 展示结晶之美。
角色特性 外形尖锐但内心温柔的老
爷爷。

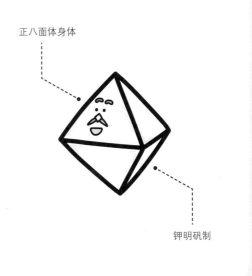

正八面体身体

钾明矾制

泡沫箱君

正式名称 泡沫箱（styrofoam box）
擅长技能 保温。
角色特性 想到什么都不会说的类型。

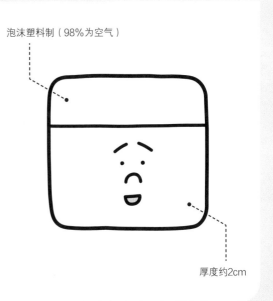

泡沫塑料制（98%为空气）

厚度约2cm

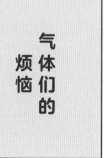

气体们的烦恼

第一回
气体高层会议

那么……
各位成员都到齐了，
会议开始！

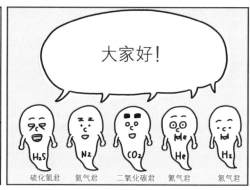

那么，首先请分享气体给人的印象。

大家好！

我来！
氢气君，请发言！

硫化氢君　氮气君　二氧化碳君　氦气君　氢气君

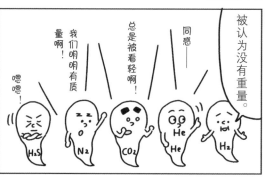

被认为没有重量。

同感——

总是被看轻啊！

我们明明有质量啊！

嗯嗯！

还有我，经常被无视。

因为人眼看不见啊！

同感——

接下来我说……

有时候会发出臭鸡蛋味！

哪里是『有时候』，分明一直都有啊……

没有没有

没有没有

没有没有

烧杯君笔记

▶ 只有硫化氢君才有臭鸡蛋味

明矾结晶爷爷

烧杯君笔记

▸ 结晶遇水会
　　溶化

小肥皂登场

肥皂的历史可长了，能够追溯到公元前。

香喷喷

滴油　滴油

它来源于烤羊的油脂偶然落在灰里，变成了神奇的土。

这种土可以清洗污垢。

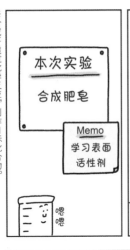

本次实验

合成肥皂

Memo
学习表面活性剂

嗯嗯

※合成：透过化学反应，制作目标化合物。

肥皂包括固体肥皂和出泡沫的液体肥皂。

液体（泡沫）　固体

泡沫

固体肥皂用水泡开，就是液体肥皂吧？

当然啊！

烧杯君，别想。

这两种是不同的！

原料都不一样。

小肥皂

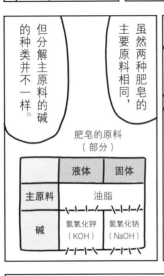

虽然两种肥皂的主要原料相同，

但分解主原料的碱的种类并不一样。

肥皂的原料
（部分）

	液体	固体
主原料	油脂	
碱	氢氧化钾（KOH）	氢氧化钠（NaOH）

油脂和碱发生反应，生成表面活性剂，就是『肥皂』。

油脂 ＋ 碱

化学反应

肥皂
（表面活性剂）

也就是说，我是一块浓缩的表面活性剂。

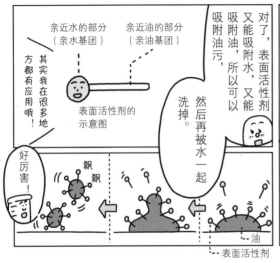

亲近水的部分
（亲水基团）

亲近油的部分
（亲油基团）

表面活性剂的示意图

其实我在很多地方都有应用哦！

对了，表面活性剂又能吸附水，又能吸附油，所以可以吸附油污，然后再被水一起洗掉。

好厉害！

飘飘

油

表面活性剂

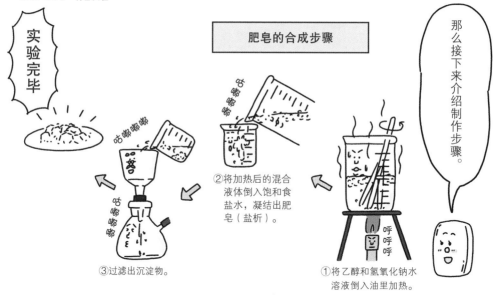

实验完毕

肥皂的合成步骤

那么接下来介绍制作步骤。

②将加热后的混合液体倒入饱和食盐水，凝结出肥皂（盐析）。

③过滤出沉淀物。

①将乙醇和氢氧化钠水溶液倒入油里加热。

我去冲洗！

你是玻璃做的，没事的啦……

……

不管哪种方法，用到的碱都很危险※，注意不要接触到皮肤※。

危险？

试剂瓶君

你好！

NaOH水溶液

※参考p.12

中和法	皂化法
脂肪酸	油脂
＋	＋
碱	碱
↓	↓
肥皂	肥皂（＋甘油）

中和法在工厂里是主流。

顺便说一句，上述方法叫作『皂化法』，另外还有种制作方法『中和法』。

烧杯君笔记

▶ 液体肥皂不是把固体肥皂泡在水里做出来的

　　制作肥皂的实验很有趣，但使用氢氧化钠等碱性试剂的时候一定要当心。也有稍微安全一点的方法，用的是硅酸钠，而且不需要用火，对孩子来说，这是个既安全又有趣的实验。制作肥皂也是在学习如何环保地处理废油，所以比较流行。不过，如果用炸油条之类的废油，做出来的肥皂就会带有油条的气味。而拿它洗东西时，不管是洗手还是洗衣服，都会超级难闻……这样的话晚饭只能喝粥了。所以，要制作清洁的肥皂，需要用清洁的油。

肥皂的合成实验

实验目的

·合成肥皂。

实验
步骤

① 将乙醇和氢氧化钠溶液倒入
　椰子油中，加热。
② 将①的液体倒入饱和食盐水
　（盐析）。
③ 通过负压过滤取出肥皂。

玻璃棒不要碰到烧杯

温度约70℃

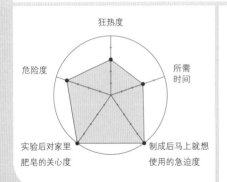

狂热度

危险度

所需
时间

实验后对家里
肥皂的关心度

制成后马上就想
使用的急迫度

一点小建议

Onepoint
Advice

"乙醇会让油和碱的

关系变好。"

小肥皂

正式名称	肥皂（soap）
擅长技能	洗掉污渍，闪亮如初。
角色特性	通常很温柔，但吐槽也是一针见血。

微带弧度的角

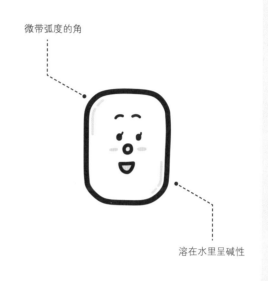

溶在水里呈碱性

狂热度
价格
易损程度
清洗实验器具时的实用度
硬水对起泡沫的影响度

加入了表面活性剂的物品

用作发泡清洗剂
用作润发剂

洗发水
护发素

用作颜料分散剂

涂料

表面活性剂广泛应用在各个领域，这里只介绍了其中极少的一部分。

作为药剂的分散剂

医药品

作为清洗剂

洗衣液　洗洁精

用作乳化剂

黄油　冰激凌

硝基苯和苯胺

化学结构中，包含苯环的物质被称为「芳香族」。

这里登场的是芳香族中的某种物质。

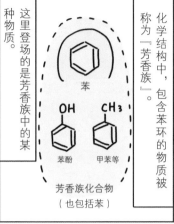

苯

苯酚　甲苯等

芳香族化合物
（也包括苯）

本次实验
合成苯胺

Memo
学习氨基和硝基

谢谢！

这次我来帮忙。

↑三口圆底烧瓶姐

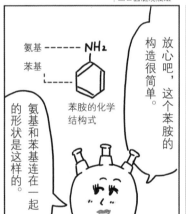

放心吧，这个苯胺的构造很简单。

氨基 ----- NH₂

苯基

苯胺的化学结构式

氨基和苯基连在一起的形状是这样的。

苯胺是略显油性的液体，是生产医药品和染料的重要物质。

也是芳香胺的一种。

苯胺

· 无色透明
· 油状
· 难溶于水

染料　医药品

好像很难……

苯基君　电子　氨基君

哎，那就没法合成了……

NH₂

嗯

嗯

咻

唰

NH₂

反弹

简单地说，苯基和氨基都带有电子，所以无法连在一起。

这么说来，只要把氨基连到苯基上就行了！

真简单

完全不是。

哎！

50

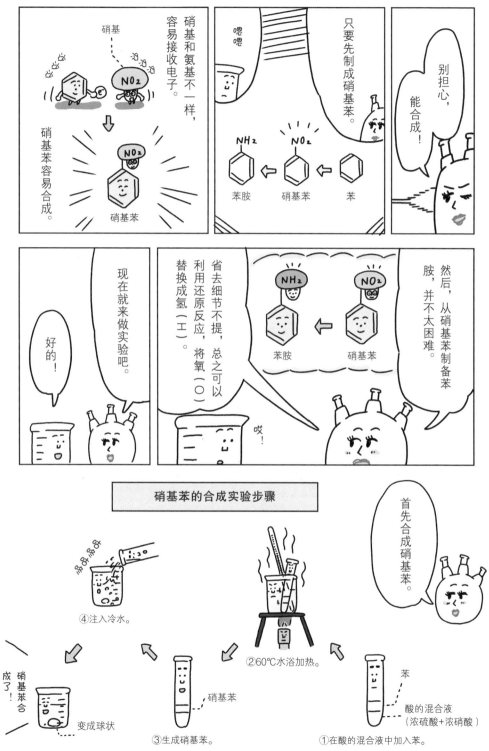

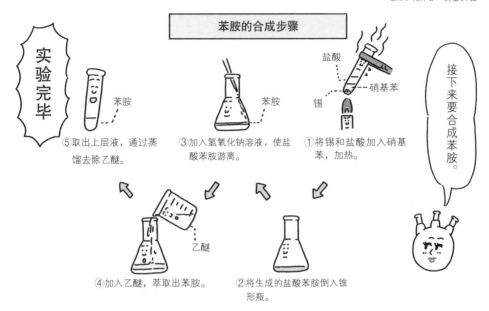

苯胺的合成步骤

实验完毕

⑤取出上层液，通过蒸馏去除乙醚。

③加入氢氧化钠溶液，使盐酸苯胺游离。

①将锡和盐酸加入硝基苯，加热。

盐酸

硝基苯

锡

苯胺

苯胺

接下来要合成苯胺。

乙醚

④加入乙醚，萃取出苯胺。

②将生成的盐酸苯胺倒入锥形瓶。

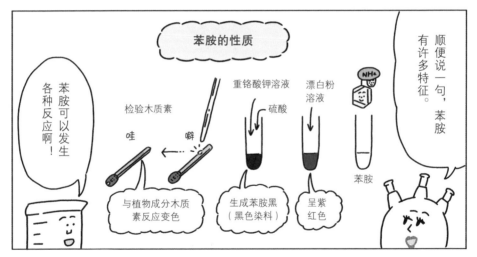

苯胺的性质

苯胺可以发生各种反应啊！

检验木质素

哇　噼

与植物成分木质素反应变色

重铬酸钾溶液

硫酸

生成苯胺黑（黑色染料）

漂白粉溶液

呈紫红色

NH₄

苯胺

顺便说一句，苯胺有许多特征。

烧杯君笔记

▶ 把硝基苯放进水里会变成球体

芳香族化合物中的"芳香"这个词，来源于苯酚、甲苯等化合物具有的强烈气味。但它并不是通常意义上的芳香（令人愉悦的香气），而是非常难闻的味道。如果想闻好闻的气味，推荐开展醋酸酯类的合成实验，那同样是有机化学的合成实验（不过，我想应该没有几个人会为了气味好闻而做实验）。它们具有苹果、香蕉、菠萝之类的美味香气。不过，如果放的时间太长，实验室里就会充满混杂的气味，形成让人不敢呼吸的恶臭。

硝基苯的合成实验

实验目的

· 合成硝基苯。

实验
步骤

①向酸的混合液中加入苯。
②60℃水浴加热。
③生成硝基苯。
④注入冷水。

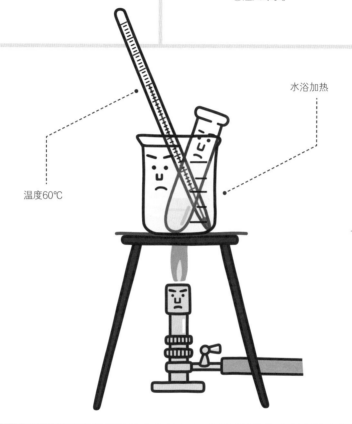

温度60℃

水浴加热

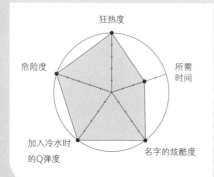

狂热度

危险度

所需
时间

加入冷水时
的Q弹度

名字的炫酷度

"如果温度超过 60℃，

有可能发生其他反应，

所以要严格控制温度。"

苯胺的合成实验

实验目的

· 用硝基苯合成苯胺。

实验
步骤

①将锡和盐酸加入硝基苯，加热并充分摇晃。

②将生成的盐酸苯胺倒入锥形瓶。

③加入氢氧化钠溶液，使盐酸苯胺游离。

④加入乙醚，萃取出苯胺。

⑤取出上层液体，通过蒸馏去除乙醚。

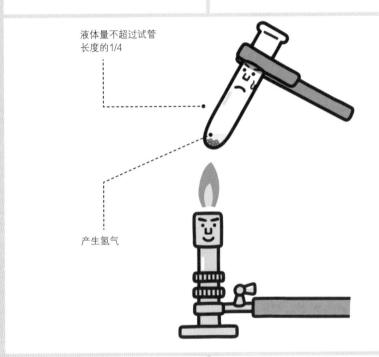

液体量不超过试管长度的1/4

产生氢气

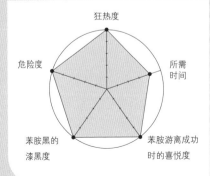

狂热度

危险度

所需时间

苯胺黑的漆黑度

苯胺游离成功时的喜悦度

一点小建议

Onepoint
Advice

"硝基苯、盐酸、

苯胺等都是危险物质，

务必小心处理。"

{ 可以用苯胺合成的物质 }

部分

柠檬黄
（偶氮染料）

NaO_3S—⬡—$N=N$...（结构式）...COONa...OH...SO_3Na

用于工业制品的着色以及食品
添加剂中。合成着色剂，通称
黄色4号。

苯胺紫
（苯胺燃料）

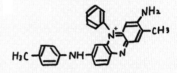

世界上第一种人工合成染料。
1856年在奎宁的合成过程中
偶然被发现，呈紫色。

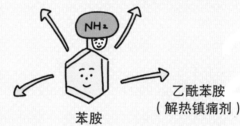

苯胺

甲基橙
（酸碱指示剂）

$(CH_3)_2N$—⬡—$N=N$—⬡—SO_3Na

在pH3.1~4.4范围内，颜色会
由红向橙黄变化。作为pH指
示剂用于滴定等场合。

乙酰苯胺
（解热镇痛剂）

⬡—NH—$\overset{\overset{\displaystyle O}{\|}}{C}$—$CH_3$

俗称退热冰。以前常常用于退
热，现在不再使用。

对乙酰氨基酚
（解热镇痛剂）

HO—⬡—NH—$\overset{\overset{\displaystyle O}{\|}}{C}$—$CH_3$

成人儿童都在使用的解热镇痛
剂之一。

真是重要的物质呀！

苯胺是生产染料、医药品时不可或缺的中间物质。

下一章的主题是这个

COLUMN

测定实验

实验中会出现某些变化，更准确地说，实验就是在受控环境中引发某些变化。没有发生任何变化的实验是失败的（也许是忘记放入某种试剂⋯⋯），但发生了变化却不能准确捕捉的话，实验也可以说是失败的。

下一章的主题，是准确测定变化、获取结果的"测定实验"。即使外表上没什么变化，只要精密测量重量、温度等参数，就会识别出变化。有些看似无趣的实验，既没有爆炸，也没有颜色变化，但却隐藏了重要的线索，能够开辟出全新的科学世界。

在科学史上展示出这一点的，是璀璨耀眼的18世纪法国科学家安托万·拉瓦锡（Antoine Lavoisier）。他最著名的成就是在1774年发现的"质量守恒定律"。这条定律指出，在物质燃烧前后，所有参与反应的物质质量总和不会发生变化。拉瓦锡通过异常精密的实验和测量，证明了这条定律。他还做出了许多其他伟大的成就，比如首次证明了燃烧是物质与氧的结合等，被誉为"近代化学之父"。不过，最值得感动的还是他的夫人——玛丽·安娜（Marie Anne）。她在结婚后，学习了化学和素描，留下了实验的详细记录，传诸后世。

另一个测定实验的例子，是1887年美国物理学家阿尔伯特·迈克耳孙（Albert Michelson）与爱德华·莫雷（Edward Morley）所进行的实验，也就是著名的"迈克耳孙—莫雷"实验。简单来说，这个实验是要在"地球上"对比光速和宇宙空间中的地球运动速度。但因为光速是宇宙中最快的速度，所以要在实验允许的距离内检测出差别，这就需要精度极高的测量。这项实验本身以失败告终，但后来的讨论却影响了引力的研究和相对论，改变了人类对时空的认识。

其实，"测定实验"看似无趣，实际上却很伟大！

CHAPTER3

测定
实验

烧杯君笔记

▶ 铁燃烧后会
变重

说到测量质量变化的实验，我有个痛苦的回忆。那时有个课题，要研究1克铁粉充分氧化后会变成多少克……可是要称取一开始的1克就很难。做了多少次都无法准确取。我深刻感受到自己太笨拙了，但那时候还是辩解说"肯定是重力在变化"（哪有这样的借口）。后来回想起来才意识到，像这种需要称取重量的实验，只要称量近似的重量，然后按比例计算，也能得到答案（我那时候到底在干什么呀）！

铁丝绒燃烧实验

实验目的

· 比较铁丝绒燃烧前后的质量，理解氧化反应。

实验步骤

①用电子天平测量铁丝绒的质量。

②将铁丝绒放到本生灯的火焰上。

③让铁丝绒充分燃烧。

④测量燃烧后的质量，确认重量发生了变化。

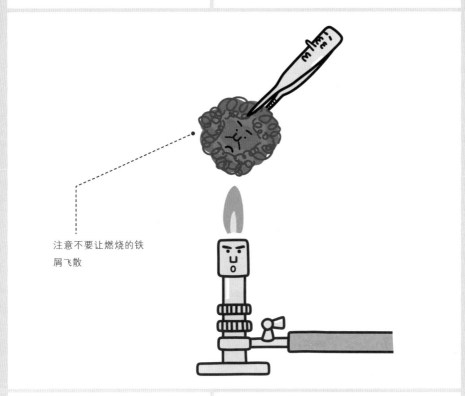

注意不要让燃烧的铁屑飞散

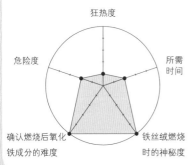

狂热度

所需时间

危险度

确认燃烧后氧化铁成分的难度

铁丝绒燃烧时的神秘度

一点小建议

Onepoint
Advice

"当燃烧开始进行，

要离本生灯的

火焰远一点。"

燃烧中的铁丝绒爷爷

正式名称　铁丝绒（steel wool）
擅长技能　发生燃烧反应。
角色特性　在燃烧中大显身手。

狂热度
价格
易损程度
以为燃烧结束但其实还没烧完的程度
不可触摸度

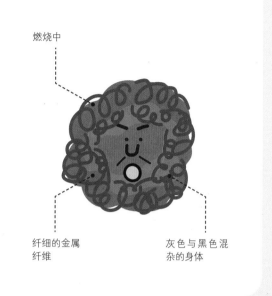

燃烧中

纤细的金属纤维

灰色与黑色混杂的身体

｛ 身边的氧化反应 ｝

哎，染发、烫发都和氧化有关系啊！

苹果变色
是由于苹果所含的多酚氧化而导致的。

锈
金属与氧气、水分等发生反应而产生。

身边的氧化反应相当多哦！

烫发
切断头发中的结合键，通过氧化使之重新结合。

染发
染料浸透毛发后，通过氧化反应变色。

暖宝宝
利用了铁粉氧化时发出的热量。

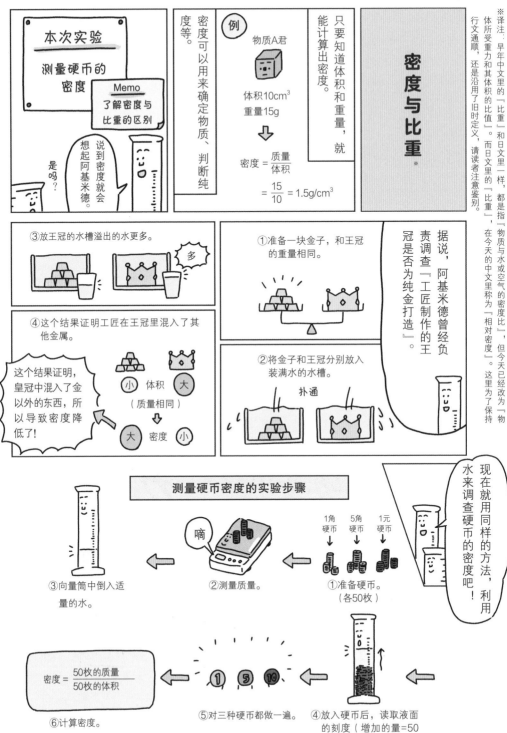

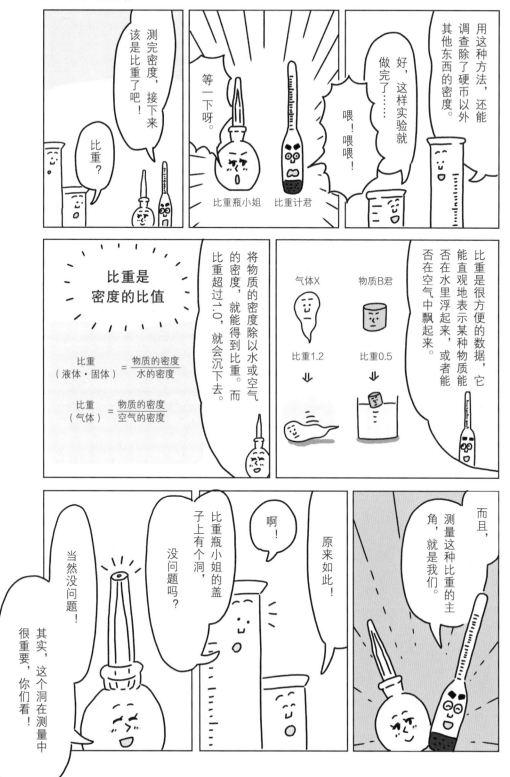

用这种方法，还能调查除了硬币以外其他东西的密度。

好，这样实验就做完了……

喂！喂喂！

等一下呀。

比重瓶小姐　比重计君

测完密度，接下来该是比重了吧！

比重？

比重是密度的比值

$$比重（液体・固体）= \frac{物质的密度}{水的密度}$$

$$比重（气体）= \frac{物质的密度}{空气的密度}$$

将物质的密度除以水或空气的密度，就能得到比重。而比重超过1.0，就会沉下去。

比重是很方便的数据，它能直观地表示某种物质能否在水里浮起来，或者能否在空气中飘起来。

气体X
比重1.2
↓

物质B君
比重0.5
↓

而且，测量这种比重的主角，就是我们。

原来如此！

啊！

比重瓶小姐的盖子上有个洞，没问题吗？

当然没问题！其实，这个洞在测量中很重要，你们看！

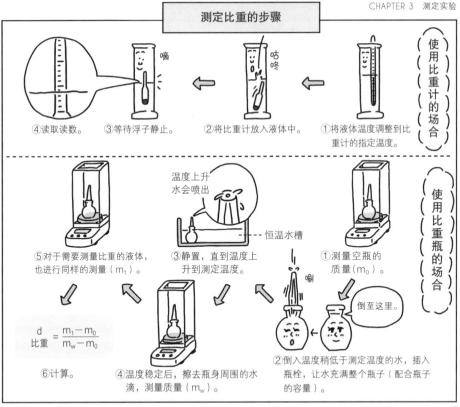

测定比重的步骤

使用比重计的场合

④读取读数。　③等待浮子静止。　②将比重计放入液体中。　①将液体温度调整到比重计的指定温度。

使用比重瓶的场合

⑤对于需要测量比重的液体，也进行同样的测量（m_1）。

温度上升水会喷出

恒温水槽

③静置，直到温度上升到测定温度。

①测量空瓶的质量（m_0）。

倒至这里。

$$比重 = \frac{d}{} \quad \frac{m_1 - m_0}{m_w - m_0}$$

⑥计算。

④温度稳定后，擦去瓶身周围的水滴，测量质量（m_w）。

②倒入温度稍低于测定温度的水，插入瓶栓，让水充满整个瓶子（配合瓶子的容量）。

……

你们倒是说话呀！

出人意料最有魅力的女生！

是吧！

出人意料哇！

竟然要装满液体，还要从洞里溢出来呀。

哎呀！

烧杯君笔记

▶ 密度的比值叫作比重

在我小时候遇到过这样的问题（现在可能还有）："1千克铁和1千克棉花，哪个重？"我急急忙忙地回答："棉花轻，铁重！"结果被人笑话说："都是1千克，当然一样重啦！"但如果问的是"哪个质量大"，那么"棉花"就是正确答案。棉花的密度小、体积大，在空气中受到的浮力比铁大，所以会变轻。如果重量都是1千克，那么由计算可知，棉花的质量更大。

测量硬币密度的实验

实验目的

· 求出硬币的密度。

实验步骤

①准备好硬币。
②测量各自的质量。
③在量筒中倒入适量的水。
④放入硬币，读取读数。
⑤对三种硬币都做一遍。
⑥计算密度。

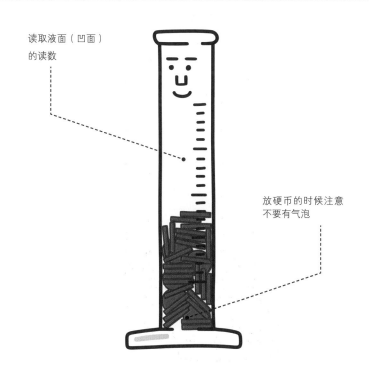

读取液面（凹面）的读数

放硬币的时候注意不要有气泡

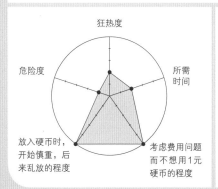

狂热度

所需时间

考虑费用问题而不想用1元硬币的程度

放入硬币时，开始慎重，后来乱放的程度

危险度

一点小建议

Onepoint
Advice

"如果硬币数量太少，
精确度就会下降。"

测量液体比重的实验

实验目的

· 用比重瓶测量液体的比重。

①测量空瓶的质量。
②倒水并插好瓶栓。
③放入恒温水槽，直至一定的温度。
④擦掉瓶身的水，测量质量。
⑤对于需要测量比重的液体，也进行同
　样的测量。

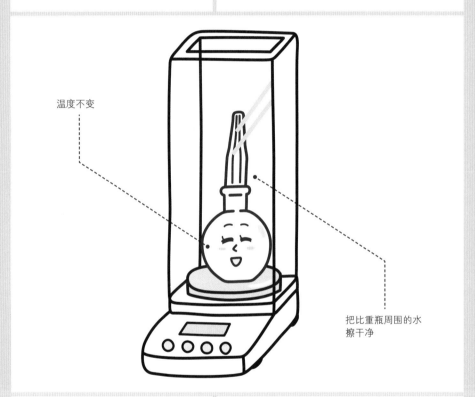

温度不变

把比重瓶周围的水
擦干净

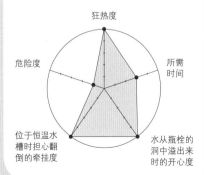

狂热度

危险度

所需
时间

位于恒温水
槽时担心翻
倒的牵挂度

水从瓶栓的
洞中溢出来
时的开心度

一点小建议

Onepoint
Advice

"比重会随温度而变化，

所以要注意温度设定。"

比重计君

正式名称	比重计（hydrometer）
擅长技能	测量液体的比重。
角色特性	有19个兄弟，测量范围各不相同。

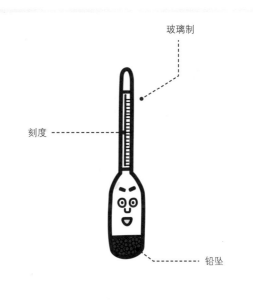

玻璃制

刻度

铅坠

比重瓶小姐

正式名称	盖—吕萨克比重瓶（Gay—Lussac pycnometer）
擅长技能	测量液体的比重。
角色特性	有4个姐妹，测量范围各不相同。

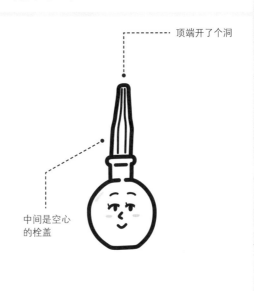

顶端开了个洞

中间是空心的栓盖

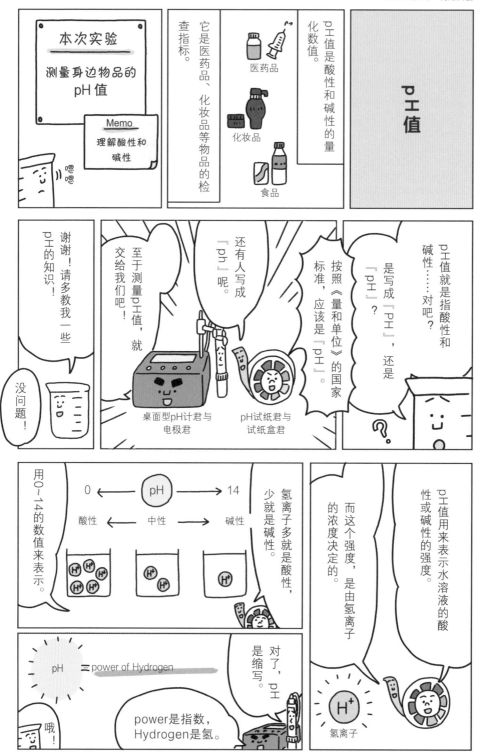

本次实验

测量身边物品的
pH 值

Memo
理解酸性和碱性

嗯嗯

它是医药品、化妆品等物品的检查指标。

医药品

化妆品

食品

pH 值是酸性和碱性的量化数值。

pH值

谢谢！请多教我一些 pH 的知识！

没问题！

至于测量 pH 值，就交给我们吧！

还有人写成『pH』呢。

桌面型pH计君与电极君

按照《量和单位》的国家标准，应该是『pH』。

pH试纸君与试纸盒君

是写成『PH』，还是『pH』？

pH 值就是指酸性和碱性……对吧？

用0~14的数值来表示。

0 ← pH → 14
酸性 ← 中性 → 碱性

氢离子多就是酸性，少就是碱性。

pH 值用来表示水溶液的酸性或碱性的强度。

而这个强度，是由氢离子的浓度决定的。

氢离子

对了，pH 是缩写。

pH ≡ power of Hydrogen

power是指数，Hydrogen是氢。

哦！

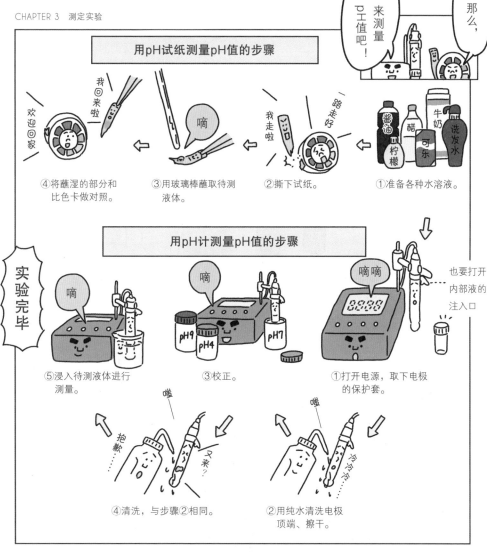

那么，

来测量pH值吧！

用pH试纸测量pH值的步骤

④将蘸湿的部分和比色卡做对照。

我回来啦

欢迎回家

③用玻璃棒蘸取待测液体。

滴

我走啦

②撕下试纸。

一路走好

①准备各种水溶液。

酱油 醋 柠檬 可乐 牛奶 洗发水

用pH计测量pH值的步骤

实验完毕

⑤浸入待测液体进行测量。

滴

③校正。

滴

pH9 pH4 pH7

①打开电源，取下电极的保护套。

滴滴

0.000

也要打开内部液的注入口

④清洗，与步骤②相同。

噌

抱歉……

又来？

②用纯水清洗电极顶端、擦干。

噌

冷冷冷

就介绍一下身边物品的pH值吧！

那么接下来，

需要精密测量的时候就要用我了。

简易实验可以用我们。

原来如此！

69

身边物品的pH值

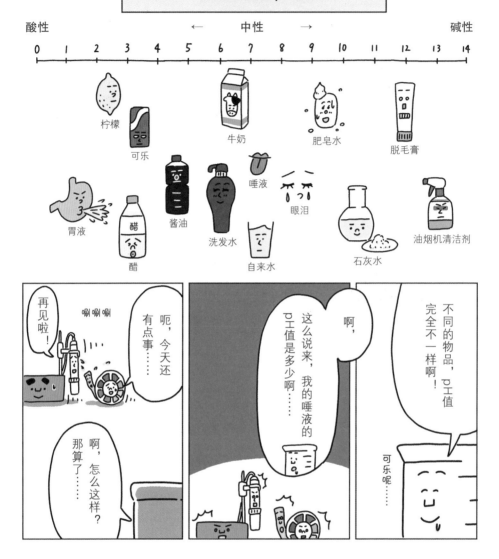

烧杯君笔记

▶ pH值与氢离子的量有关

闲聊两句（其实这个栏目全都是闲聊），我特别喜欢pH试纸君和试纸盒君。原因很简单，因为颜色特别漂亮！而且测定范围很多，种类也有很多，颜色范围也是丰富多彩。不过，pH试纸君虽然没有保质期，但有使用期限，所以保存时间太长的话，颜色就会失去变化。而且，印刷的比色本也会随时间变长而褪色。抽屉里全都是它们化作垃圾的"尸体"，令人落泪。

用pH试纸的pH值测定实验

实验目的

· 用pH试纸测量各种水溶液的pH值。

实验
步骤

①准备各种水溶液。

②撕下试纸。

③用玻璃棒蘸取待测液体。

④将蘸湿的部分和比色卡做对照。

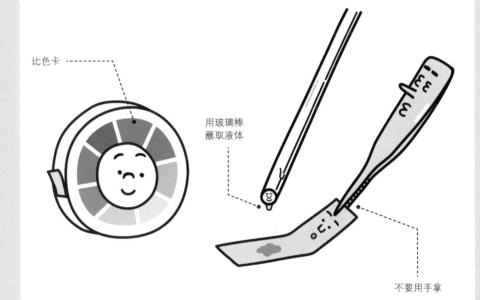

比色卡

用玻璃棒
蘸取液体

不要用手拿

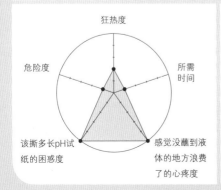

狂热度

危险度

所需
时间

该撕多长pH试
纸的困惑度

感觉没蘸到液
体的地方浪费
了的心疼度

一点小建议

Onepoint
Advice

"蘸取液体后，

马上和比色卡做对照

（时间拖长了又会变色）。"

用pH计的pH值测定实验

实验目的

· 用pH计测量各种水溶液的pH值。

实验步骤

①准备各种水溶液。
②打开电源，取下电极的保护套。
③用纯水清洗电极顶端，擦干。
④校正。
⑤将电极浸入待测液体进行测量。

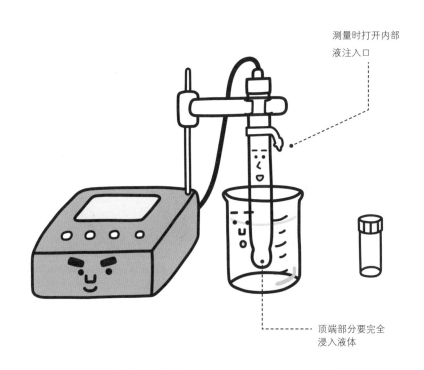

测量时打开内部
液注入口

顶端部分要完全
浸入液体

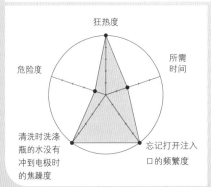

狂热度

所需时间

危险度

清洗时洗涤瓶的水没有冲到电极时的焦躁度

忘记打开注入口的频繁度

一点小建议

Onepoint
Advice

"电极部分很容易损坏，

要小心哦。"

桌面型pH计君与电极君

正式名称	pH计（pH meter）
擅长技能	测量pH。
角色特性	严谨pH计君和柔弱电极君的组合。

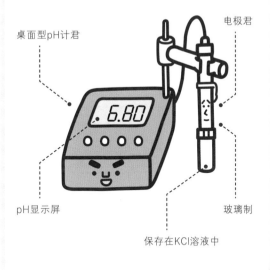

桌面型pH计君
电极君
pH显示屏
玻璃制
保存在KCl溶液中

狂热度
价格
易损程度
维护的重要度
测量的简单度

{ 身边物品的pH值变化 }

酸雨

云层中吸收了硫化物、氮氧化物等，成为pH值低的雨。

柠檬

红茶的褪色现象

红茶中含有茶黄素这种色素，在pH值降低时，其中的红色会消退。

涂抹

褪色胶棒

具有特殊的色素成分，会随pH值下降而变透明。涂抹在纸上，与空气中的二氧化碳反应，pH值下降，颜色消失。

染发不仅与氧化反应※有关，也和pH值有关哪！

※参考p.61

染发

在碱性条件下，色素成分更容易浸透到毛发里。

蓝染

蓝色的色素成分在碱性条件下溶解于水，所以可以提高pH值，制成碱性水溶液，进行染色。

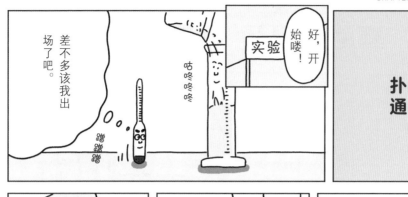

扑通

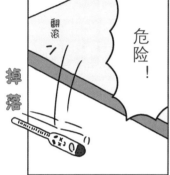

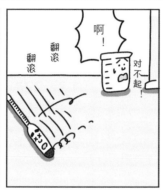

烧杯君笔记

▶ 有的废液很危险，要小心

74

多管闲事

烧杯君笔记

▶ pH计君一出
手就能搞定

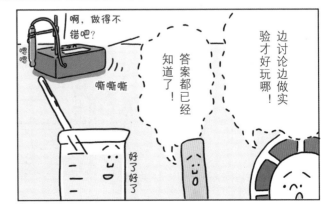

中和滴定

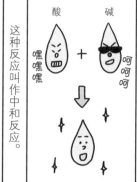

酸与碱反应，彼此的酸碱性会抵消。

这种反应叫作中和反应。

本次实验

测量食醋中包含的醋酸浓度

Memo 了解中和反应

这就是中和滴定啊！

？

要点在于，用浓度已知的碱，滴入浓度未知的酸，让它们完全中和。

只要知道滴入了多少碱才达到了中和，就能计算出酸的浓度。

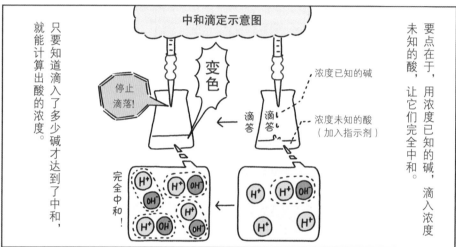

中和滴定示意图

变色

停止滴落！

滴答

滴答

浓度已知的碱

浓度未知的酸（加入指示剂）

完全中和！

这一系列操作，称为中和滴定。

原来如此~

中和滴定组

这些伙伴！

滴定管君

容量瓶妹妹

移液吸管君

安全胶帽君

漏斗妹妹

磨砂瓶塞君

那么，就来做实验吧！

好！

而且，这个实验中不可或缺的是……

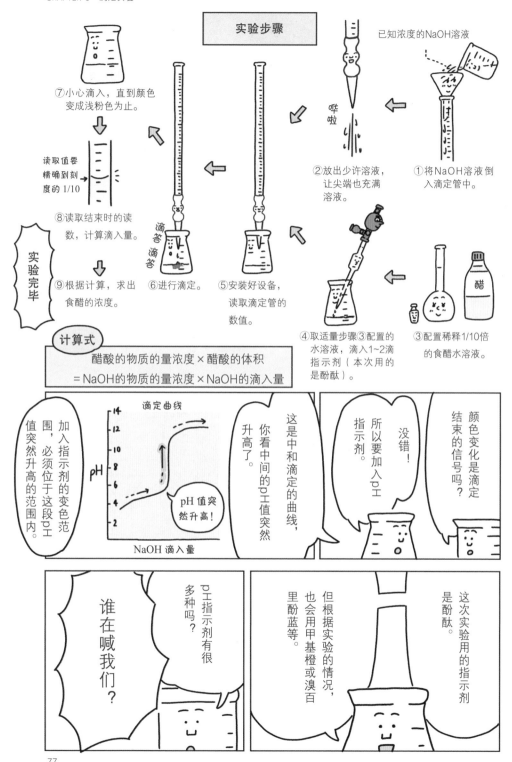

实验步骤

⑦小心滴入，直到颜色变成浅粉色为止。

读取值要精确到刻度的 1/10

⑧读取结束时的读数，计算滴入量。

实验完毕

⑨根据计算，求出食醋的浓度。

⑥进行滴定。

⑤安装好设备，读取滴定管的数值。

已知浓度的NaOH溶液

②放出少许溶液，让尖端也充满溶液。

①将NaOH溶液倒入滴定管中。

醋

④取适量步骤③配置的水溶液，滴入1~2滴指示剂（本次用的是酚酞）。

③配置稀释1/10倍的食醋水溶液。

计算式

醋酸的物质的量浓度×醋酸的体积
=NaOH的物质的量浓度×NaOH的滴入量

加入指示剂的变色范围，必须位于这段pH值突然升高的范围内。

滴定曲线

pH

14
12
10
8
6
4
2

pH 值突然升高！

NaOH 滴入量

这是中和滴定的曲线，你看中间的pH值突然升高了。

所以要加入pH指示剂。

没错！

颜色变化是滴定结束的信号吗？

谁在喊我们？

pH指示剂有很多种吗？

但根据实验的情况，也会用甲基橙或溴百里酚蓝等。

这次实验用的指示剂是酚酞。

pH指示剂三人组

烧杯君笔记

▸ pH指示剂对于中和滴定非常重要

中和滴定其实很安全，但说到惊悚的化学实验，还是少不了它。屹立不倒的滴定管君很是神气，锥形烧杯君也相当可爱，但是那种"再来1滴、再来半滴、再来1/4滴"的无穷无尽的临界紧张感，非本实验莫属。滴过头导致酚酞变成大红色的刹那，袭上心头的空虚感也是无与伦比的（因为必须从头来过了）。不过正因如此，这个实验一旦成功，带来的喜悦也相当不凡。

pH指示剂三人组

正式名称	pH指示剂 （pH indicator）
擅长技能	显示pH值的变化。
角色特性	尽管指示剂数量众多， 这三位依然相当活跃， 很受欢迎。

甲基橙　　溴百里酚蓝　　酚酞

褐色玻璃制

{ 指示剂显示的颜色与pH的关系 }

甲基橙　 pH2　 pH3　 pH4　 pH5　 pH6

有各种颜色啊！

溴百里酚蓝　 pH5　 pH6　 pH7　 pH8　 pH9

酚酞　 pH7　 pH8　 pH9　 pH10　 pH11

食醋中的醋酸浓度测定实验

实验目的

· 通过中和滴定，求出不明浓度的醋酸浓度。

实验步骤

① 将NaOH倒入滴定管，需要充满尖端。
② 取适量的食醋稀释水溶液，加入酚酞。
③ 安装好设备，进行滴定。
④ 颜色变成浅粉色时结束滴定。
⑤ 算出滴入量，进行进化。

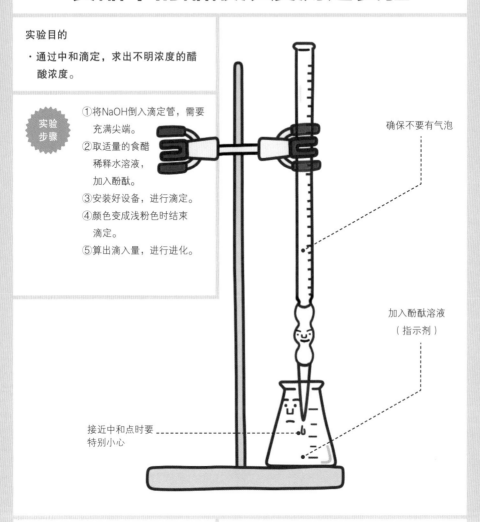

确保不要有气泡

加入酚酞溶液
（指示剂）

接近中和点时要
特别小心

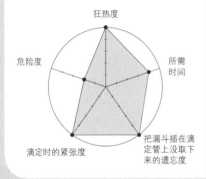

狂热度

所需时间

危险度

把漏斗插在滴定管上没取下来的遗忘度

滴定时的紧张度

一点小建议
Onepoint
Advice

"也可以用锥形瓶君

代替锥形烧杯君。"

{ 中和滴定的注意点 }

为了提高实验精度，需要注意这些。

润洗

作为实验准备中的一环，先拿实验中需要用到的液体，把实验器材冲洗2~3次，这叫作『润洗』。有些实验需要润洗，有些不需要。

沾到水也不需要润洗的器材	沾到水就需要润洗的器材

沾到水也不需要润洗的器材

容量瓶

锥形烧杯

↓　　　　　↓

溶质的量并不会变化，所以对结果没有影响。

因为会加入纯水，调配浓度。

沾到水就需要润洗的器材

移液吸管　　滴定管

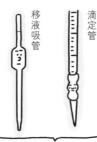

因为会改变水溶液的浓度，影响实验结果。

pH指示剂的选择方法

不同的酸碱组合，所用的指示剂也要调整。

指示剂的变色范围，必须处在滴定曲线笔直上升的部分。

③强酸+弱碱

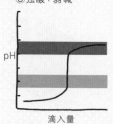

pH

滴入量

↓

 甲基橙

学习了！

②弱酸+强碱

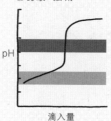

pH

滴入量

↓

 酚酞

■ 酚酞的变色范围

■ 溴百里酚蓝的变色范围

■ 甲基橙的变色范围

①强酸+强碱

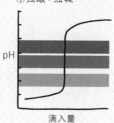

pH

滴入量

↓

 酚酞

or

 溴百里酚蓝

or

 甲基橙

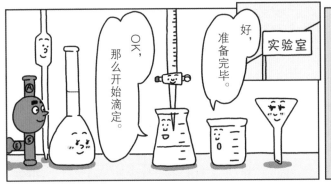

藏在中和滴定里的陷阱

实验室

好，准备完毕。

OK，那么开始滴定。

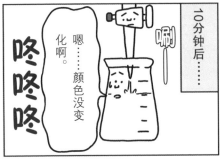

10分钟后……

嗯……颜色没变化啊。

咚咚咚

还早，还早。

好！嘶

来了

嘶

抱歉我来晚了～

咚咚

酚酞

没加指示剂，颜色当然不会变……

啊哈？已经开始了？

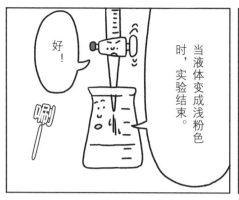

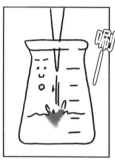

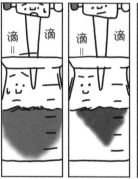

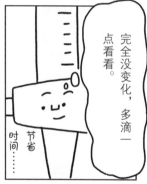

烧杯君笔记

▶ 滴入过多会变成深紫色，无法得到正确的实验结果……

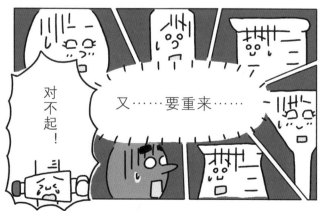

凝固点下降

温度下降，液体变成固体，这叫作凝固。

而凝固时的温度就叫作凝固点。

气体
液化 ↓
液体
凝固 ↓
固体

本次实验

向水中加入氯化钠等物质时，测量凝固点的下降度

Memo
实际感受过冷却现象

嗯……

凝固点就是结冰的温度哇……

凝固点下降……

还有这种事？

当然有！

平底试管君

呼——

比如海水，哪怕是在非常非常冷的北海道，大海也不会结冰。

不停哆嗦

真的，没有结冰……

这是因为，海水里溶解了各种物质，导致凝固点下降。

身边竟然有这么多，而且都很有用啊！

结冰的果汁就先放着吧……

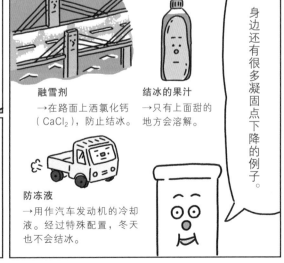

身边还有很多凝固点下降的例子。

融雪剂
→在路面上洒氯化钙（CaCl₂），防止结冰。

结冰的果汁
→只有上面甜的地方会溶解。

防冻液
→用作汽车发动机的冷却液。经过特殊配置，冬天也不会结冰。

用氯化钠溶液实际做做看吧。

那么，

没错！

84

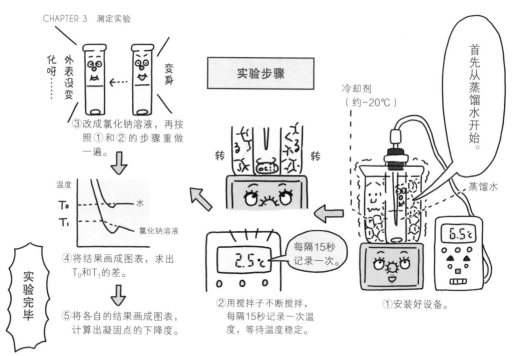

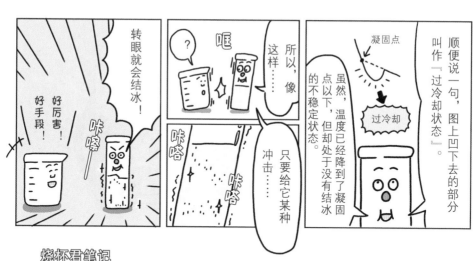

烧杯君笔记

▶ 海水之所以不结冰，是因为凝固点下降了

　　将水小心地冷却到-4℃左右，就会继续保持液体形式，变成不结冰的"过冷却状态"。这时候只要稍微给它一点冲击，就会迅速结冰，可以说是个魔术般的实验，但问题在于该如何冷却？冷冻室的温度通常为-18℃，冷过头还是会结冰。所以这时可以利用凝固点下降的性质，向水里加入足量的食盐。结果这回完全不结冰了（饱和食盐水的凝固点是-22℃）……搞到最后才明白，最好的办法就是用计时器计算好冷冻时间……唉！

凝固点下降度的测定实验

实验目的

· 调查溶解氯化钠后凝固点的下降幅度。

实验步骤

①将纯水倒入平底试管，安装好设备。
②不断用搅拌子搅拌，每隔15秒记录一次温度。
③改成氯化钠溶液，同样做一遍。
④绘制图表，求出凝固点的下降度。

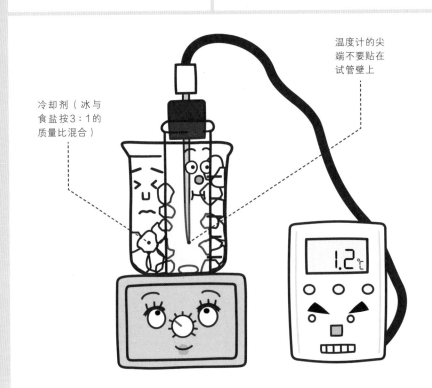

冷却剂（冰与食盐按3∶1的质量比混合）

温度计的尖端不要贴在试管壁上

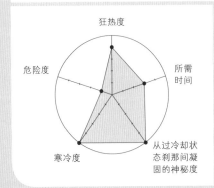

狂热度

所需时间

危险度

寒冷度

从过冷却状态刹那间凝固的神秘度

一点小建议
Onepoint
Advice

"温度计的尖端

不要碰到搅拌子上。"

平底试管君

正式名称　平底试管、培养试管(flat-bottom tube, culture tube)

擅长技能　在试管内部做培养。

角色特性　试管兄弟的表兄弟。

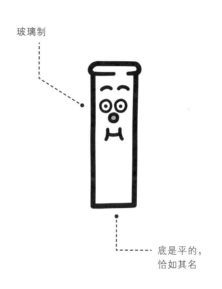

玻璃制

底是平的，
恰如其名

小型电磁搅拌器妹妹

正式名称　小型电磁搅拌器（small magnetic stirrer）

擅长技能　通过磁力让搅拌子旋转。

角色特性　电磁搅拌器君的妹妹。

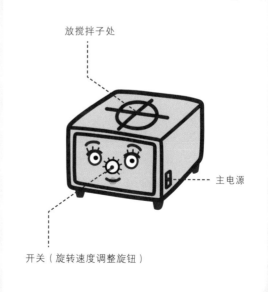

放搅拌子处

主电源

开关（旋转速度调整旋钮）

COLUMN

观察实验

用眼睛观察实验中发生的变化，就是下一章的主题——"观察实验"。作为实验来说，它们比较醒目，容易理解……可以说是很配得上"实验"这个名字的实验。不过，也有人会说，"测量实验只要读取读数就行，观察实验到底要观察什么呀？"确实，要准确客观地捕捉观察结果，还是有些诀窍的。如果只是记录一些"发光了""颜色变了"这种简单的结果，那么作为科学结论来说，未免有点无聊了（唉，自己先反省）。

在这里想给大家推荐素描的方法。画不好也没关系，或者画漫画也无所谓，总之是用画画来记录。不擅长画画的人，可以用文字记录自己观察到的现象……总之要画（要写）的时候，自然而然就会注意观察。记录本也是很重要的，因为它能把观察到的内容牢牢刻进记忆中。

在科学史上有许多重要的"观察实验"。比如1865年奥地利格里高利·约翰·孟德尔（Gregor Johann Mendel）报告的实验，从中诞生了著名的"孟德尔定律"。这场实验持续了15年，通过反复进行豌豆的人工交配，由此观察和分析种子的形状等外观特征。今天我们可以用遗传规律这个词来概括……但实验所需的观察力和注意力超乎想象。

此外，说到观察实验，就不得不介绍19世纪伟大的科学家迈克尔·法拉第（Michael Faraday）。法拉第发现了"电磁感应定律"，在电磁学领域享有盛誉，其实在化学、环境科学等领域，他也留下了诸多贡献，比如苯的发现、氯的水合物研究、本生灯的研制等。由于贫困，法拉第连小学都没有读完，但却成了非常伟大的科学家。在成名后的晚年，他持续将精力投入在面向大众和青少年的实验讲座（类似于今天的实验科普节目），致力于科学启蒙教育。也有许多青少年，在读过法拉第的传记以后，爱上了"观察实验"（我也是其中之一）。

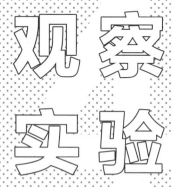

CHAPTER4

观察
实验

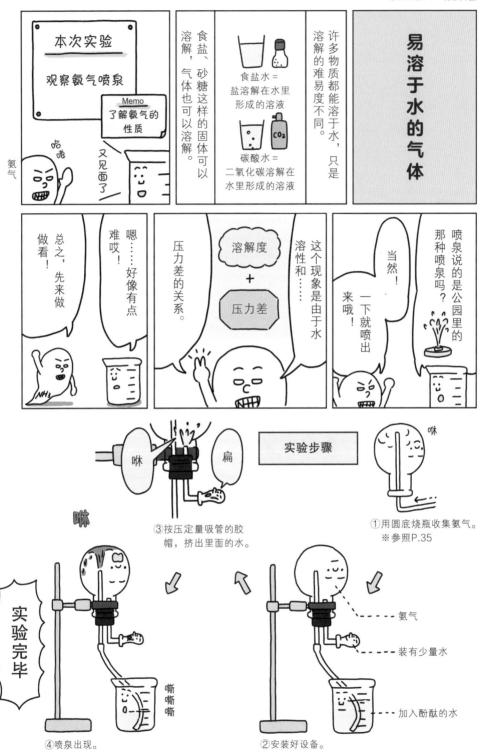

易溶于水的气体

许多物质都能溶于水，只是溶解的难易度不同。

食盐水 = 盐溶解在水里形成的溶液

碳酸水 = 二氧化碳溶解在水里形成的溶液

食盐、砂糖这样的固体可以溶解，气体也可以溶解。

本次实验

观察氨气喷泉

Memo
了解氨气的性质

哈喽

又见面了

氨气

NH3

喷泉说的是公园里的那种喷泉吗？

当然！一下就喷出来哦！

这个现象是由于水溶性和……

溶解度 + 压力差

压力差的关系。

嗯……好像有点难哎！

总之，先来做做看！

实验步骤

咻

扁

③按压定量吸管的胶帽，挤出里面的水。

咻

①用圆底烧瓶收集氨气。
※参照P.35

氨气

装有少量水

加入酚酞的水

②安装好设备。

实验完毕

嘶嘶嘶

④喷泉出现。

90

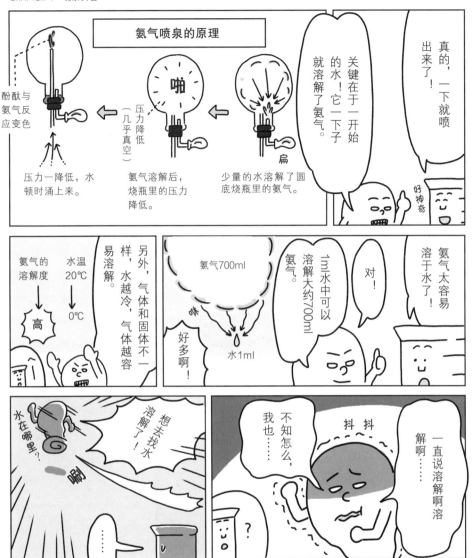

烧杯君笔记

▶ 氨气非常易
溶于水

我第一次看到氨气喷泉实验的时候非常震惊。无色透明的液体在圆底烧瓶里喷出来的瞬间，水里的酚酞立刻变成红色！我不由自主地大叫了一声，回想起黑泽明的电影《椿三十郎》的场景。为了不剧透，这里就不细说了，总之电影里喷出的血和氨气喷泉很像……不过这部电影是黑白片，我说的这些需要发挥想象才行（电影是名作，值得一看）！

氨气喷泉实验

实验目的

·亲身感受氨气易溶于水的特点。

 实验步骤

①用圆底烧瓶收集氨气。
②安装好设备。
③向烧瓶里挤少量水。
④喷泉出现。

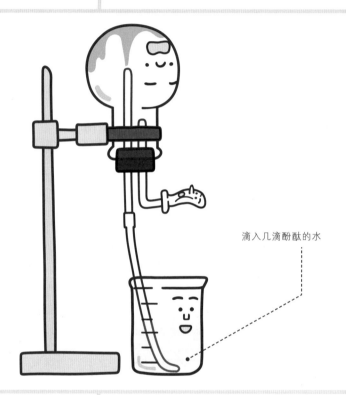

滴入几滴酚酞的水

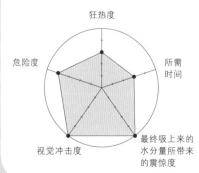

狂热度

危险度

所需时间

视觉冲击度

最终吸上来的水分量所带来的震惊度

一点小建议

Onepoint Advice

"不要忘记加酚酞哦。"

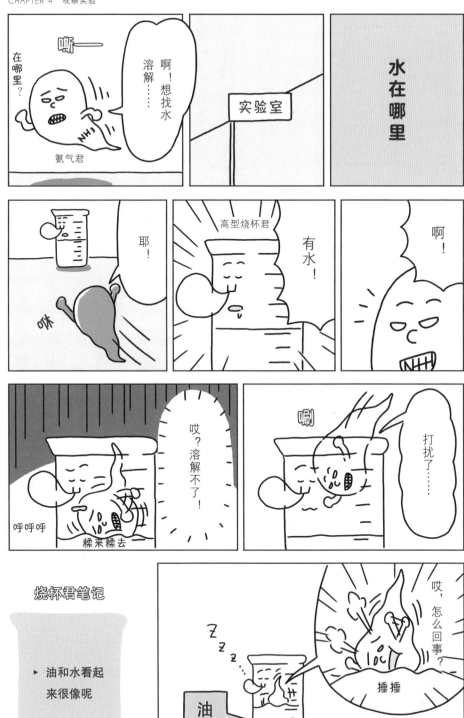

烧杯君笔记

▸ 油和水看起来很像呢

烧杯君笔记

▶ 布朗运动的
称呼来源于
罗伯特·布
朗的名字

布朗运动是用显微镜观察花粉时发现的，有个痴迷显微镜的少年，自从知道了这件事以后，差不多每天都要观察显微镜。但是，不管什么花粉，都是一动不动。于是他再回头仔细看书，才发现书上写的是"花粉中流出来的微粒"。对于布朗运动来说，花粉本身太重了。少年深切感受到"读文献要仔细"，可是直到现在他还是常常读错，搞不好是个呆子吧（我才不会说这个少年是谁呢）。

布朗运动的观察实验

实验目的

· 通过观察布朗运动，感受水分子的存在。

 实验步骤

① 准备稀释的牛奶。
② 制作滴有步骤①液体的玻片。
③ 将玻片放到显微镜上。
④ 观察。

别把两只眼睛都闭上

放置好玻片

MIL

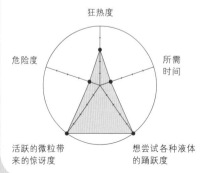

狂热度

危险度

所需时间

活跃的微粒带来的惊讶度

想尝试各种液体的踊跃度

一点小建议

Onepoint Advice

"除了牛奶，
也可以观察墨水和颜料。"

{ 身边的胶体 }

身边也有气体是胶体的情况。

分散在液体里的微粒叫作分散质，周围的物质叫作分散剂。

		分散剂（周围的物质）		
		固体	液体	气体
分散质（分散的微粒）	固体	有色玻璃　红宝石	墨汁　颜料	烟雾　尘埃
	液体	啫喱　发胶	牛奶　蛋黄酱	云　喷雾剂
	气体	泡沫箱	发泡剃须水	无

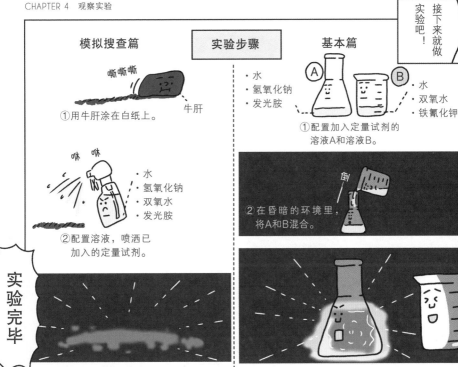

接下来就做实验吧!

模拟搜查篇

实验步骤

基本篇

嘶嘶嘶

牛肝

①用牛肝涂在白纸上。

咻 咻

·水
·氢氧化钠
·双氧水
·发光胺

②配置溶液,喷洒已加入的定量试剂。

·水
·氢氧化钠
·发光胺

A
B

·水
·双氧水
·铁氰化钾

①配置加入定量试剂的溶液A和溶液B。

倒

②在昏暗的环境里,将A和B混合。

实验完毕

③观察发光的情况。

③观察发光的情况。

滴嘟

原来是小灯泡宝宝啊~

闪亮

?

嗯?实验结束了,怎么还在发光?

实验后……

清洗也做完了,清清爽爽。

是啊!

烧杯君笔记

▶ 从不稳定状态变成稳定状态时,就会发光

我在聚集了2000名孩子的大型实验秀中表演过发光胺反应。说起规模有多大,其实我和搭档做了一张双人床大小的水槽,使用的A、B溶液合计约200升!液体的重量(以及水压)当然也很吓人,不过更吓人的是发光胺的订货价格(本来就是很贵的试剂)。不过我们总算说服了赞助商,成功完成了表演。观众席上发出的开心叫喊声,直到今天我还记得。这是个美丽的实验。

发光胺反应的观察实验　基本篇

实验目的

· 了解发光胺的性质。

　实验步骤

①加入定量试剂，配置溶液A和溶液B。
②在昏暗的环境里，将溶液A和溶液B混合。
③观察发光的情况。

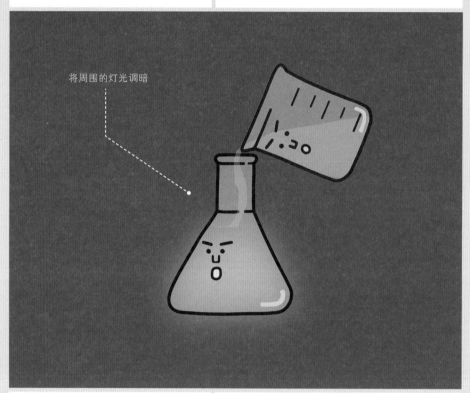

将周围的灯光调暗

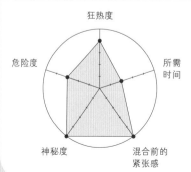

狂热度
危险度
所需时间
神秘度
混合前的紧张感

一点小建议
Onepoint Advice

"环境不能太暗，
否则动作都看不清！
要保持适度的昏暗哦。"

发光胺反应的观察实验 模拟搜查篇

实验目的

· 体会搜查官的感觉。

实验步骤

①用牛肝涂抹在白纸上。

②喷洒加入定量试剂的溶液。

③在昏暗的环境里，观察发光的情况。

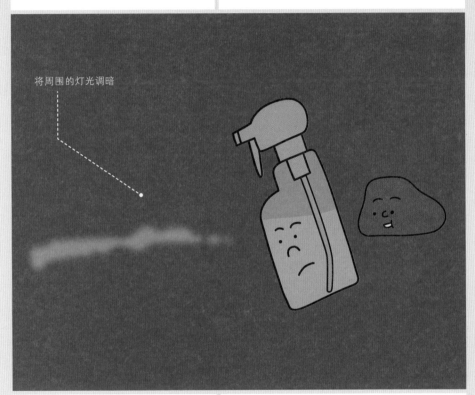

将周围的灯光调暗

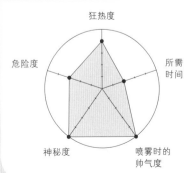

狂热度

危险度

所需时间

神秘度

喷雾时的帅气度

一点小建议

Onepoint Advice

"除了牛肝，
萝卜汁也能发光。"

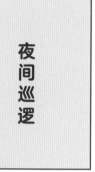

夜间巡逻

在夜间巡逻真是不习惯啊！

我们会提供照明的，放心吧！

咔咔……

这个实验室里明明没有人……

看！那个房间里有光！

蓝光……是发光胺反应？

嘭……

萤火鱿！

用来观察的？

烧杯君笔记

▶ 不要在夜里做发光胺实验

学名叫作 Watasenia scintillans

关于萤火鱿

全身具有无数发光器，通过荧光素（发光物质）和荧光素酶（蛋白酶）反应发光（但发光机制目前尚未完全弄清）。

｛ 发光生物们 ｝

海萤

· 海萤科的甲壳类
· 体长约3mm

夜光藻

· 一种浮游生物
· 体长约1mm

源氏萤

· 萤科昆虫
· 体长约15mm

月夜菇

· 毒蘑菇
· 和香菇有点像，要当心

荧光水母

· 因诺贝尔化学而闻名
· 体长约200mm

磷微蠕蚓

· 广泛分布于世界各地
· 体长约40mm

另外，光藓自身不发光，是通过反射光线而发亮的。

深海鮟鱇

· 主要分布在大西洋的温带至热带的深海
· 体长约400mm

灯笼鱼

· 侧面和腹部有许多发光器
· 体长约200mm

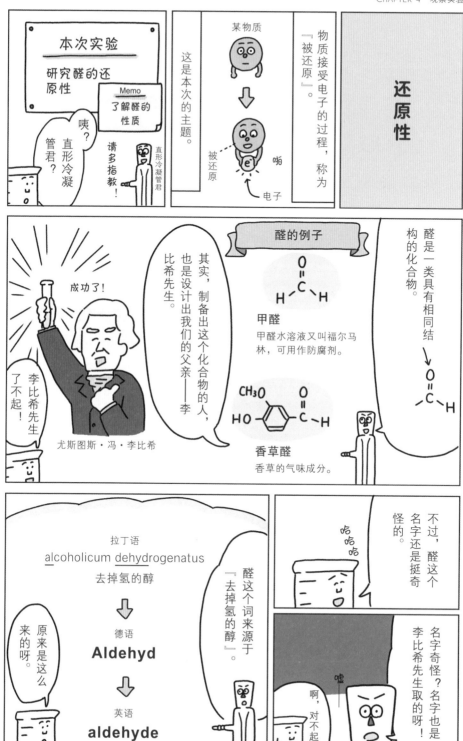

本次实验

研究醛的还原性

Memo

了解醛的性质

请多指教！

咦？直形冷凝管君？

直形冷凝管君

这是本次的主题。

物质接受电子的过程，称为「被还原」。

某物质

↓

被还原

电子

啪

还原性

成功了！

李比希先生了不起！

尤斯图斯·冯·李比希

其实，制备出这个化合物的人，也是设计出我们的父亲——李比希先生。

醛的例子

醛是一类具有相同结构的化合物。

O

$H-C-H$

甲醛

甲醛水溶液又叫福尔马林，可用作防腐剂。

CH_3O

HO $C-H$ O

香草醛

香草的气味成分。

↓

$O=C-H$

拉丁语

alcoholicum dehydrogenatus

去掉氢的醇

↓

德语

Aldehyd

↓

英语

aldehyde

原来是这么来的呀。

醛这个词来源于「去掉氢的醇」。

不过，醛这个名字还是挺奇怪的。

哈哈哈

名字奇怪？名字也是李比希先生取的呀！

啊，对不起！

嘘

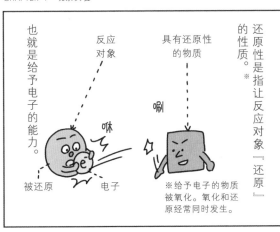

还原性是指让反应对象『还原』的性质。※

具有还原性的物质

反应对象

被还原　电子

咻

嘶

※给予电子的物质被氧化。氧化和还原经常同时发生。

也就是给予电子的能力。

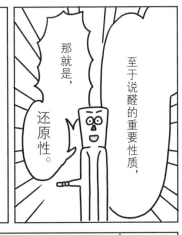

至于说醛的重要性质，

那就是，

还原性。

接下来，我们来做两个有关醛类还原性的实验！

实验①
斐林反应

实验②
银镜反应

不过我就不参加了。

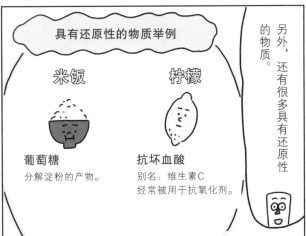

具有还原性的物质举例

米饭

葡萄糖
分解淀粉的产物。

柠檬

抗坏血酸
别名：维生素C
经常被用于抗氧化剂。

另外，还有很多具有还原性的物质。

实验 ① 斐林反应的步骤

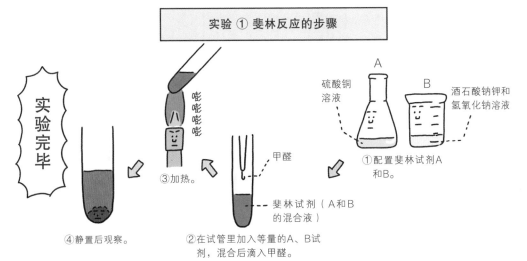

A
硫酸铜溶液

B
酒石酸钠钾和氢氧化钠溶液

①配置斐林试剂A和B。

甲醛

斐林试剂（A和B的混合液）

②在试管里加入等量的A、B试剂，混合后滴入甲醛。

嘭嘭嘭嘭

③加热。

实验完毕

④静置后观察。

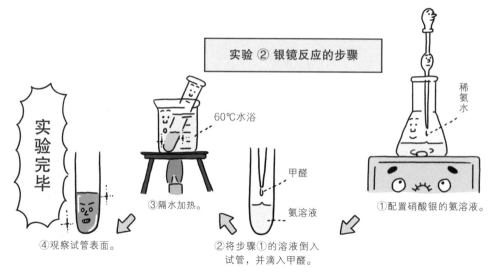

实验 ② 银镜反应的步骤

实验完毕

60℃水浴

③隔水加热。

④观察试管表面。

甲醛

氨溶液

②将步骤①的溶液倒入试管，并滴入甲醛。

稀氨水

①配置硝酸银的氨溶液。

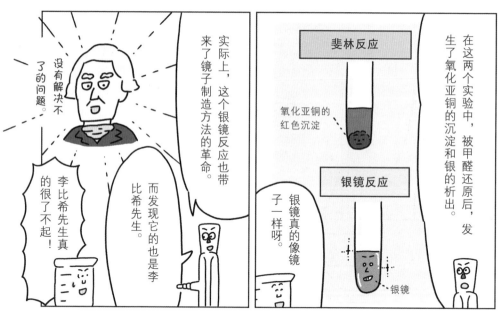

没有解决不了的问题。

李比希先生真的很了不起！

而发现它的也是李比希先生。

实际上，这个银镜反应也带来了镜子制造方法的革命。

斐林反应

氧化亚铜的红色沉淀

银镜反应

银镜真的像镜子一样呀。

银镜

在这两个实验中，被甲醛还原后，发生了氧化亚铜的沉淀和银的析出。

烧杯君笔记

▶ 李比希先生是伟大的化学家

在超广角和鱼眼镜头还是超高价的时代，我为了拍摄夜空中的流星，做过银镜反应。把圆底烧瓶做成镜子的话，就能拍摄很大的范围的影像……但是尝试之后发现，圆底烧瓶凹凸不平，而且反射率没有普通镜子那么高，所以无法拍摄流星。捣鼓了半天，最终银镜烧瓶只能束之高阁（其他实验也用不了）。少年时代的我做梦也想不到，有朝一日我也能买得起可以拍下180°全天空的鱼眼镜头啊。

醛的斐林反应实验

实验目的

· 了解醛类的性质。

实验
步骤

①配置斐林试剂。
②将甲醛滴入斐林试剂。
③在本生灯上加热。
④静置后观察。

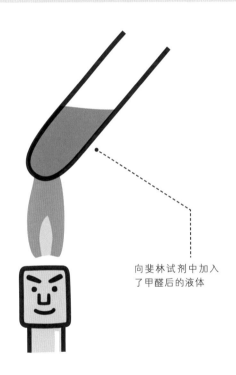

向斐林试剂中加入
了甲醛后的液体

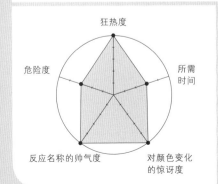

狂热度

所需
时间

危险度

反应名称的帅气度

对颜色变化
的惊讶度

一点小建议

Onepoint
Advice

"步骤③中，

要将液体加热到沸腾哦！"

醛的银镜反应实验

实验目的

· 了解醛类的性质。

实验步骤

①配置硝酸银的氨溶液（托伦试剂）。

②将步骤①的溶液倒入试管，并滴入甲醛。

③隔水加热。

④观察试管表面。

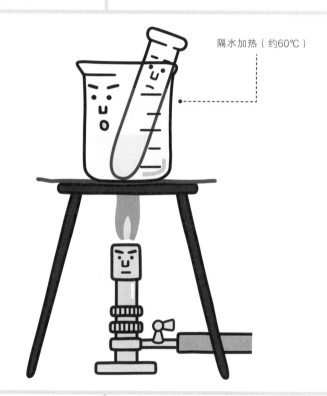

隔水加热（约60℃）

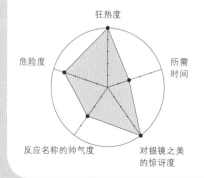

狂热度

危险度

所需时间

反应名称的帅气度

对银镜之美的惊讶度

一点小建议

Onepoint
Advice

"托伦试剂是爆炸性物质，

不可保存，

必须一次性用完。"

氧化亚铜的红色沉淀君

正式名称　氧化亚铜（coppe oxide）
擅长技能　通报斐林反应的发生。
角色特性　希望变成更漂亮一点的
　　　　　　颜色。

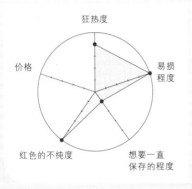

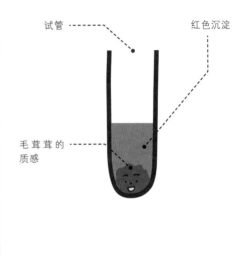

试管　・・・・・・・・・・・・・・・・　红色沉淀

毛茸茸的・・・・・
质感

银镜君

正式名称　银镜（silver mirror）
擅长技能　通报银镜反应的发生。
角色特性　总是充满自信的类型。

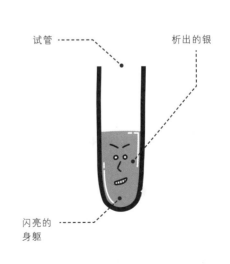

试管　・・・・・・・・・・・・・・・・　析出的银

闪亮的・・・・・
身躯

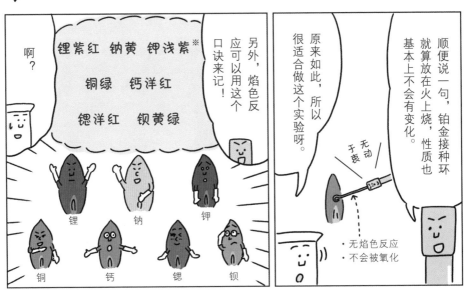

烧杯君笔记

▶ 焰色反应的口诀是什么鬼啊

焰色反应是美丽而神秘的实验。经常被误解为"金属在燃烧"，其实这是由元素中的电子能量变化导致的现象。另外，铂金接种环很贵，如果只是看颜色的话，市售的不锈钢丝也可以用。还有，把溶液和滤纸放到蒸发皿里点火，会出现巨大的彩色火焰。有一次放学后我做过这个实验，结果被学生说成是"伏地魔"（就是《哈利·波特》里出场的大反派魔法师）。我看起来有那么邪恶吗？

※透过蓝色钴玻璃看呈浅紫色，正常情况下看呈黄色。

焰色反应的观察实验

实验目的

· 了解如何通过焰色反应区分元素。

实验步骤

①准备各种试剂。
②清洗铂金接种环，直至放入火焰中不显色为止。
③用铂金接种环蘸取试剂，放入火焰中。
④观察火焰的颜色。

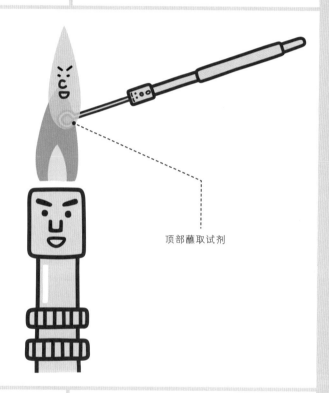

顶部蘸取试剂

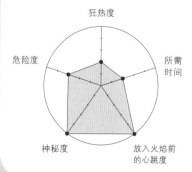

狂热度
危险度
所需时间
神秘度
放入火焰前的心跳度

一点小建议
Onepoint Advice

"每次改换试剂时，
都要清洗铂金接种环。"

铂金接种环君和铂金接种杆君

正式名称　铂金接种环
　　　　　　（platinum loop）

擅长技能　观察火焰的颜色，以及
　　　　　　涂抹微生物。

角色特性　相互尊重的良好关系。

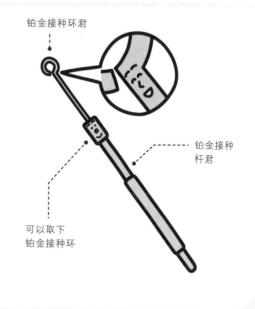

铂金接种环君

铂金接种
杆君

可以取下
铂金接种环

铂金接种杆架君

正式名称　铂金接种杆架（platinum
　　　　　　loop stand）

擅长技能　临时摆放加热的铂金接
　　　　　　种杆。

角色特性　面容悲苦却并不悲伤。

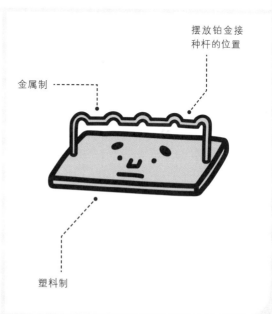

摆放铂金接
种杆的位置

金属制

塑料制

烧杯君笔记

▶ **重点在于摇晃**

114

魔术揭秘

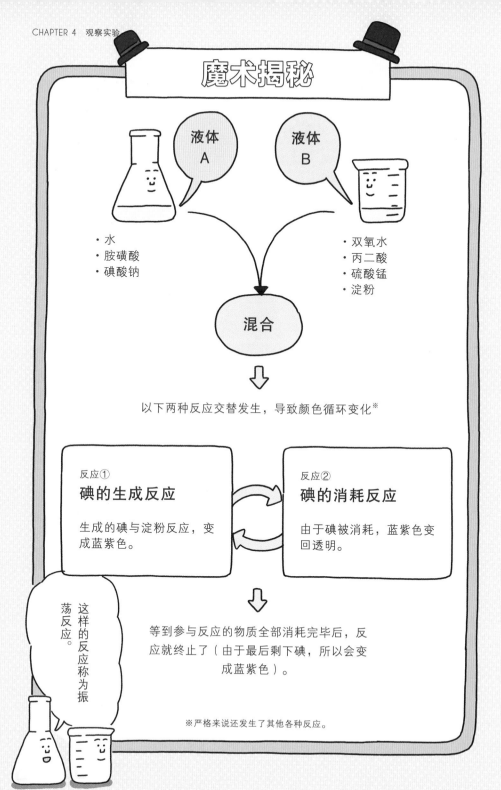

液体 A

液体 B

· 水
· 胺磺酸
· 碘酸钠

· 双氧水
· 丙二酸
· 硫酸锰
· 淀粉

混合

以下两种反应交替发生，导致颜色循环变化※

反应①
碘的生成反应
生成的碘与淀粉反应，变成蓝紫色。

反应②
碘的消耗反应
由于碘被消耗，蓝紫色变回透明。

等到参与反应的物质全部消耗完毕后，反应就终止了（由于最后剩下碘，所以会变成蓝紫色）。

这样的反应称为振荡反应。

※严格来说还发生了其他各种反应。

下一章的主题是这个

COLUMN

分离实验

如果现在想知道时钟的运作原理，方法之一就是分离（拆解）。而如果想要弄清构成这个宇宙的物质原理，分离也是很重要的手段。这就是"分离实验"。不过，我们周围的许多物质，都是由其他许多物质组合而成。而那些各种各样的物质又是由无数原子经过复杂的组合而形成。首先从相对比较简单的可分解物质开始研究，再利用已知的原理去研究更高级的分解方法，这样的循环是必要的。

说起历史上著名的"分离实验"，首推1898年皮埃尔与玛丽·居里夫妇（Pierre Curie & Marie Curie）所做的放射性元素分离实验。他们用了好几个月，从数吨的天然铀矿残渣中提取出钋和镭。众所周知，这项研究促进了放射线科学的发展，也大大改变了后来的科学与社会。

再举一个也很著名但比较轻松的例子，叫作纸色谱法实验。它的做法是，将待分离的物质滴一点在滤纸上，用滤纸的一端吸取溶媒（称为"展开剂"），将分子大小不同或者水溶性有差异的物质分离出来。20世纪中叶，马丁与辛格用滤纸进行了实验，他们也因为发明了该方法而获得诺贝尔化学奖。后来人们又开发出各种色谱法，比如用特殊薄膜代替滤纸等，至今还在分析领域大显身手。

分离物质的方法多种多样，除了利用物理性质分离混合物质的"过滤""蒸馏"，利用化学反应的"提取""沉淀"等以外，今天还有利用接近光速的速度，让物质彼此对撞分解（粒子加速实验）的方法。为了获得能让生活更加丰富的物质以及为了弄清物质和宇宙的原理，人类还在孜孜不倦地进行着"分离实验"。

CHAPTER5

分离实验

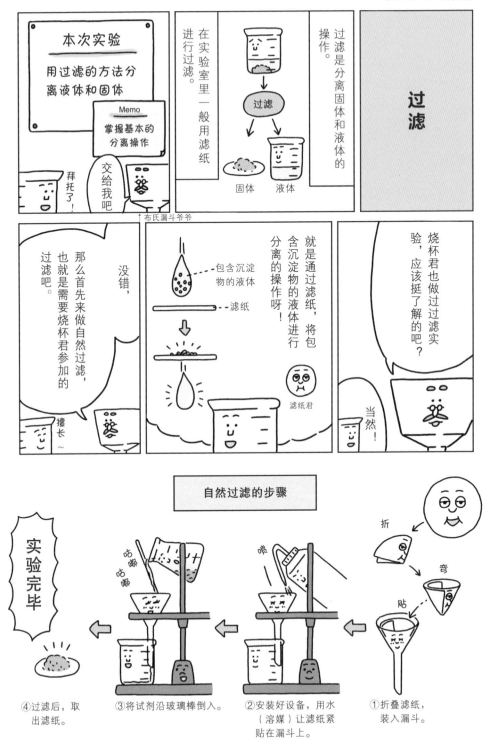

页面文本内容：

本次实验

用过滤的方法分离液体和固体

Memo
掌握基本的分离操作

拜托了！

交给我吧

↑布氏漏斗爷爷

过滤是分离固体和液体的操作。

在实验室里一般用滤纸进行过滤。

过滤

固体　液体

过滤

烧杯君也做过过滤实验，应该挺了解的吧？

当然！

就是通过滤纸，将包含沉淀物的液体进行分离的操作呀！

包含沉淀物的液体

滤纸

滤纸君

没错，那么首先来做自然过滤，也就是需要烧杯君参加的过滤吧。

墙长~

自然过滤的步骤

折

弯

贴

①折叠滤纸，装入漏斗。

②安装好设备，用水（溶媒）让滤纸紧贴在漏斗上。

③将试剂沿玻璃棒倒入。

咕嘟咕嘟

喷

④过滤后，取出滤纸。

实验完毕

接下来试试看速度更快的抽气过滤吧！

哦！

有的漏斗，可以在需要保持液体温度的时候大显身手。

可以倒热水哦

保温漏斗君

腿长令我自豪

长柄漏斗叔叔

我是标准型

漏斗妹妹

另外，这种过滤中除了普通的漏斗外，也会用管子较长的漏斗。

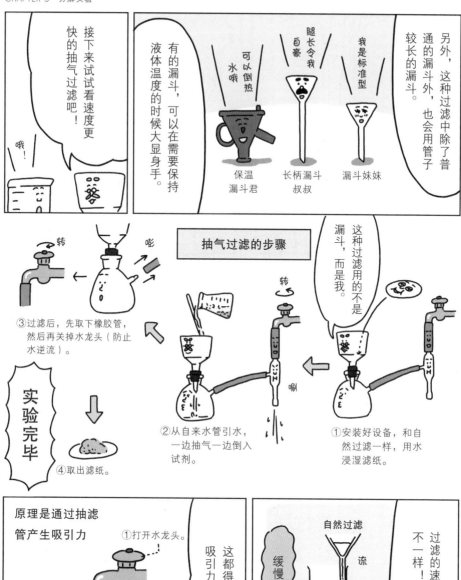

这种过滤用的不是漏斗，而是我。

抽气过滤的步骤

①安装好设备，和自然过滤一样，用水浸湿滤纸。

②从自来水管引水，一边抽气一边倒入试剂。

③过滤后，先取下橡胶管，然后再关掉水龙头（防止水逆流）。

④取出滤纸。

实验完毕

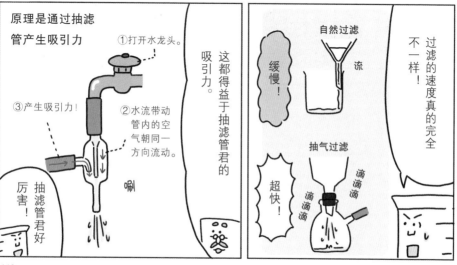

原理是通过抽滤管产生吸引力

①打开水龙头。

②水流带动管内的空气朝同一方向流动。

③产生吸引力！

这都得益于抽滤管君的吸引力。

抽滤管君好厉害！

过滤的速度真的完全不一样！

自然过滤

缓慢！

流

抽气过滤

超快！

滴滴滴

滴滴滴

烧杯君笔记

▶ 桐山漏斗
很有历史

看到抽气过滤的时候，总会非常激动。要过滤包含细小微粒的溶液，用普通的漏斗和滤纸需要几个小时……等待的时间很无聊，看到滤液一滴滴往下掉，简直都想睡觉（虽然其实也不用盯着看）。用上抽气过滤，速度就会非常快，而抽滤管君的机制也十分巧妙。它不像真空泵那样声音巨大，所以很适合人们趴在旁边打盹儿（结果就睡着了吧）！

自然过滤实验

实验目的

· 将液体中的沉淀物分离出来。

实验步骤

①折好滤纸，装到漏斗上。
②安装好设备，用水让滤纸紧贴漏斗。
③通过玻璃棒倒入试剂。
④过滤后取出滤纸。

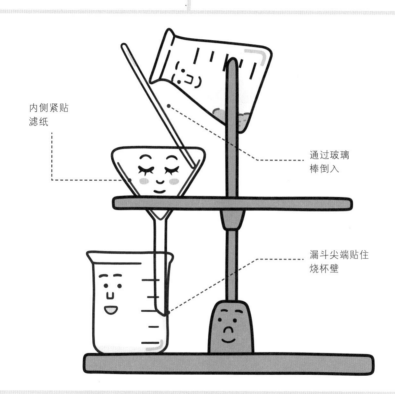

内侧紧贴滤纸

通过玻璃棒倒入

漏斗尖端贴住烧杯壁

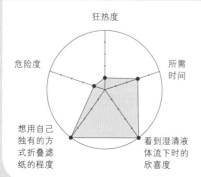

狂热度

所需时间

危险度

想用自己独有的方式折叠滤纸的程度

看到澄清液体流下时的欣喜度

一点小建议

Onepoint
Advice

"注意别让玻璃棒

戳破滤纸。"

抽气过滤实验

实验目的

· 对于用自然过滤的方法需要花费很长时间的液体（高黏度、沉淀物多等状况的液体），将沉淀物从中分离出来。

实验步骤

①安装好设备，用水浸湿滤纸。

②从自来水管引水，一边抽气一边倒入试剂。

③过滤后，先取下橡胶管，然后再关掉水龙头。

④取出滤纸。

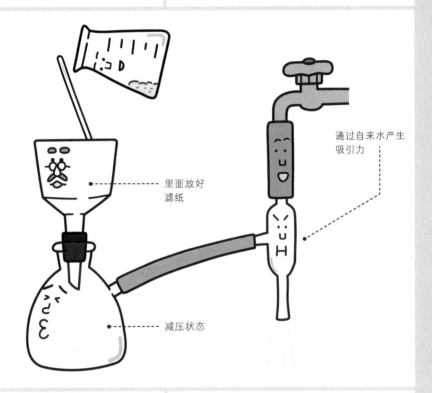

里面放好滤纸

通过自来水产生吸引力

减压状态

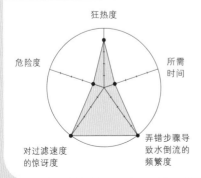

狂热度

危险度　　　　　　所需时间

对过滤速度的惊讶度　　　弄错步骤导致水倒流的频繁度

一点小建议

Onepoint
Advice

"有时也会用抽气泵

代替抽滤管。"

长柄漏斗叔叔

正式名称 长柄漏斗（long stem funnel）

擅长技能 让液体向一处汇集。

角色特性 心地善良的叔叔。

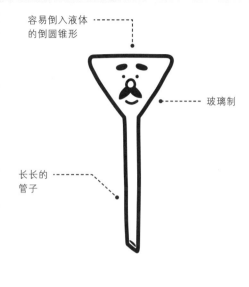

容易倒入液体的倒圆锥形

玻璃制

长长的管子

狂热度

价格

易损程度

保管室的慎重度

清洗难度

保温漏斗

正式名称 保温漏斗（hot funnel）

擅长技能 保持漏斗的温度。

角色特性 如果里面的液体变冷，自己也会没精神。

安装漏斗的部位

注水口

铜制

用本生灯等加热的地方

狂热度

价格

易损程度

易加热度

活跃程度

桐山漏斗先生

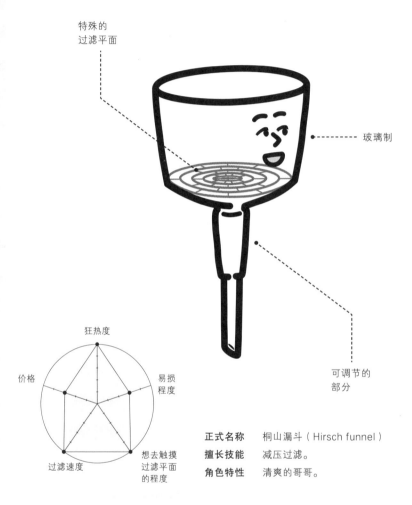

特殊的
过滤平面

玻璃制

可调节的
部分

狂热度

价格

易损
程度

过滤速度

想去触摸
过滤平面
的程度

正式名称 桐山漏斗（Hirsch funnel）
擅长技能 减压过滤。
角色特性 清爽的哥哥。

实验
伙伴

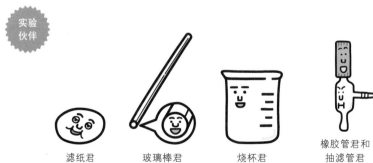

滤纸君　　　玻璃棒君　　　烧杯君　　　橡胶管君和
　　　　　　　　　　　　　　　　　　　抽滤管君

{ 比较各种漏斗 }

名称	布氏漏斗爷爷	桐山漏斗先生	漏斗妹妹
从侧面看			
从上面看			
材质	陶瓷	玻璃	玻璃
过滤种类	抽气过滤	抽气过滤	自然过滤
实验风格			
特征	·厚重感。 ·价格比桐山漏斗略便宜。	·材质透明，可以一眼看出污垢残渣等。 ·只有一个孔，很容易清洗。	·和其他两个相比价格最便宜。 ·小学里也常常用。

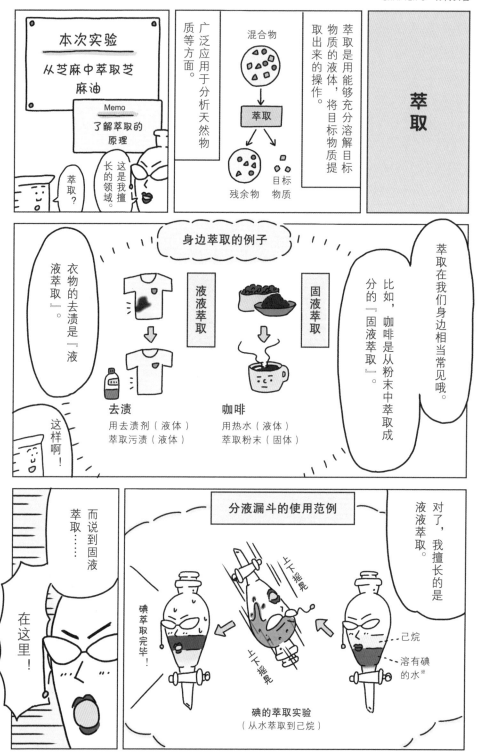

萃取

萃取是用能够充分溶解目标物质的液体，将目标物质提取出来的操作。

广泛应用于分析天然物质等方面。

混合物

↓

萃取

↓

残余物　目标物质

本次实验

从芝麻中萃取芝麻油

Memo

了解萃取的原理

萃取？

长的领域。

这是我擅

萃取在我们身边相当常见哦。

比如，咖啡是从粉末中萃取成分的『固液萃取』。

身边萃取的例子

衣物的去渍是『液液萃取』。

液液萃取

固液萃取

去渍
用去渍剂（液体）萃取污渍（液体）

咖啡
用热水（液体）萃取粉末（固体）

这样啊！

对了，液液萃取，我擅长的是

分液漏斗的使用范例

而说到固液萃取……

在这里！

上下摇晃

上下摇晃

碘萃取完毕！

己烷

溶有碘的水※

碘的萃取实验
（从水萃取到己烷）

※准确地说，是溶有碘的碘化钾溶液。

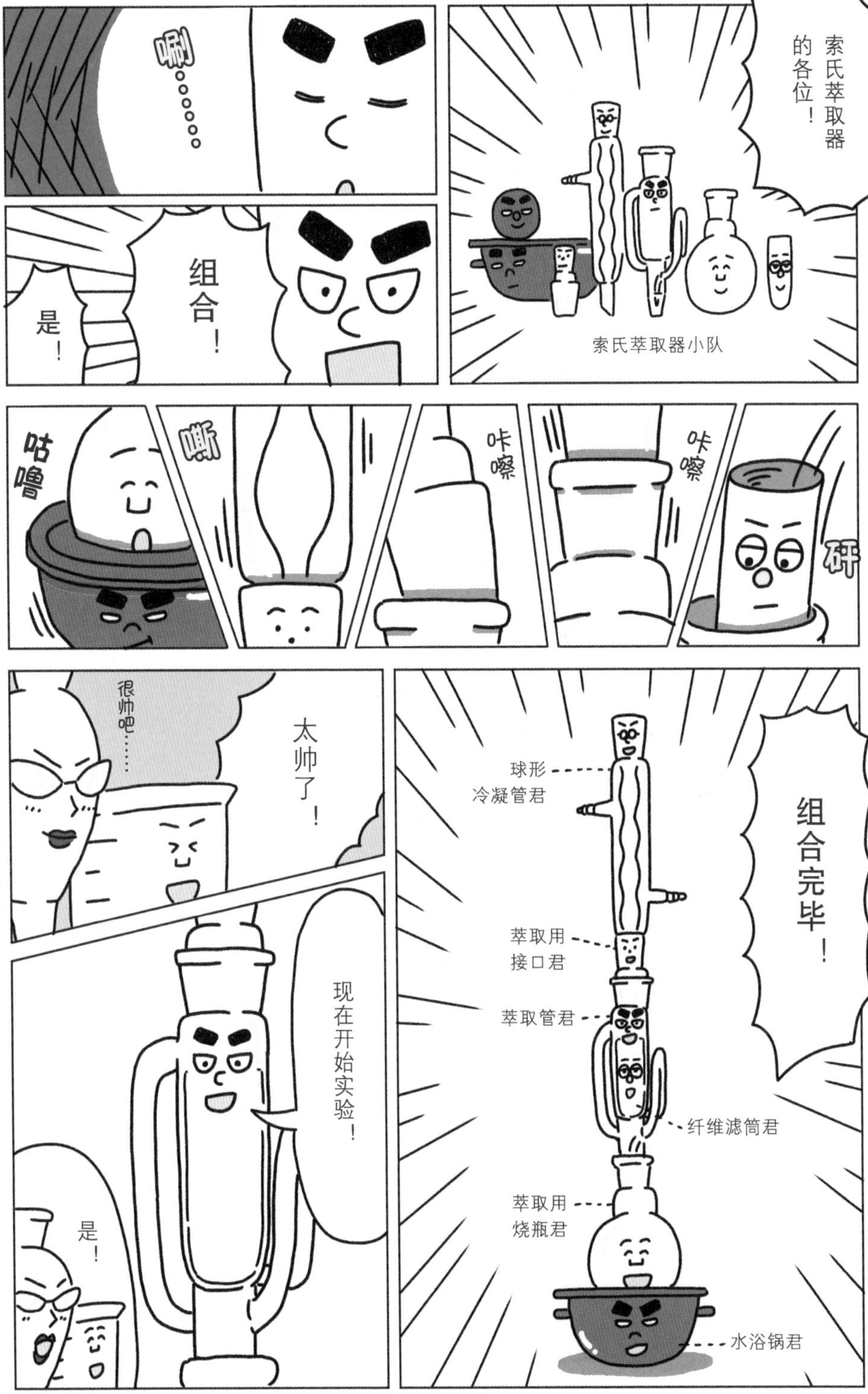

唰……

组合！

是！

索氏萃取器的各位！

索氏萃取器小队

咕噜

嘶

咔嚓

咔嚓

研

很帅吧……

太帅了！

组合完毕！

球形冷凝管君

萃取用接口君

萃取管君

纤维滤筒君

萃取用烧瓶君

水浴锅君

现在开始实验！

是！

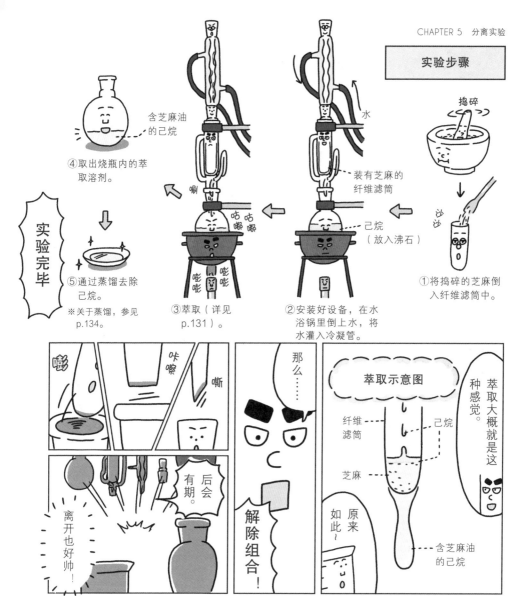

实验步骤

捣碎

①将捣碎的芝麻倒入纤维滤筒中。

②安装好设备，在水浴锅里倒上水，将水灌入冷凝管。

③萃取（详见 p.131）。

装有芝麻的纤维滤筒

己烷（放入沸石）

水

④取出烧瓶内的萃取溶剂。

含芝麻油的己烷

⑤通过蒸馏去除己烷。

※关于蒸馏，参见 p.134。

实验完毕

萃取示意图

纤维滤筒　　己烷

芝麻

含芝麻油的己烷

萃取大概就是这种感觉。

原来如此～

烧杯君笔记

▶ "索氏"这个名字也很帅

上学的时候，实验室的同学们一起出钱买速溶咖啡。当时有个学生把咖啡罐掉到了地上摔碎了，由于大家都是穷学生，这件事自然引发了众怒。惹事的学生不慌不忙，把飞散的玻璃碎片和咖啡粉收集起来加进水里，过滤后装入试剂瓶中，写上 "Conc咖啡"（Conc是浓缩的简写）。要喝的时候用热水冲开就可以了。事情大概就是这样（严格来说这不是萃取，只是有些相似罢了）。

128

索氏萃取器用萃取管君

正式名称	索氏萃取器用萃取管（extraction tube for Soxlet's extractor）
擅长技能	放入纤维滤筒，进行萃取。
角色特性	索氏萃取器中的队长。

狂热度
易损程度
清洗难度
不知如何制造出来的好奇度
价格

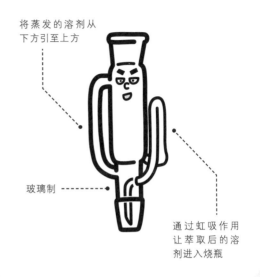

将蒸发的溶剂从下方引至上方

玻璃制

通过虹吸作用让萃取后的溶剂进入烧瓶

索氏萃取器用烧瓶君

正式名称	索氏萃取器用烧瓶（flask for Soxlet's extractor）
擅长技能	盛放萃取后的溶剂。
角色特性	索氏萃取器中的温柔角色。

狂热度
易损程度
清洗难度
易翻倒度
价格

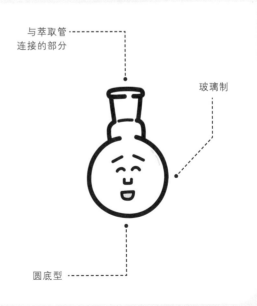

与萃取管连接的部分

玻璃制

圆底型

用索氏萃取器进行芝麻油萃取实验

实验目的

· 了解索氏萃取器的原理。

① 将捣碎的芝麻放入纤维
　滤筒中。
② 安装好设备，将水灌入冷
　凝管。
③ 萃取。
④ 取出烧杯内的萃取溶剂。
⑤ 进行蒸馏，去除己烷。

冷却用水从下往
上流

纤维滤筒要高于
虹吸管

捣碎的芝麻

萃取溶剂的量为
烧瓶的2/3左右

放入沸石

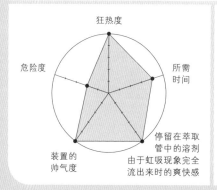

狂热度

危险度

所需
时间

装置的
帅气度

停留在萃取
管中的溶剂
由于虹吸现象完全
流出来时的爽快感

一点小建议

Onepoint
Advice

"倒进纤维滤筒的芝麻，

大约装七分满。"

{ 索氏萃取器的使用方法 }

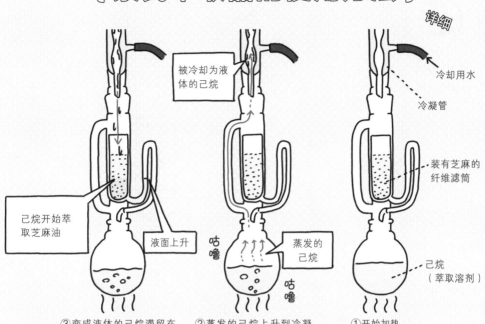

详细

冷却用水

冷凝管

被冷却为液体的己烷

装有芝麻的纤维滤筒

己烷开始萃取芝麻油

液面上升

咕噜

蒸发的己烷

咕噜

己烷（萃取溶剂）

③变成液体的己烷滞留在萃取管里，外侧管道里的液面也渐渐上升。

②蒸发的己烷上升到冷凝管，在这里被冷却，变回液体。

①开始加热。

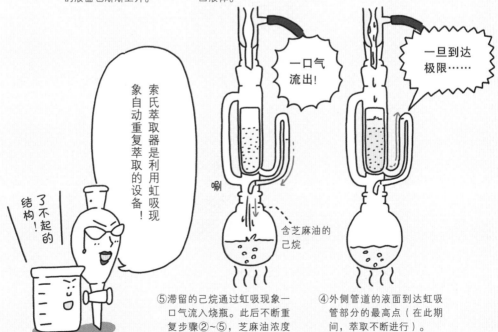

一口气流出！

一旦到达极限……

索氏萃取器是利用虹吸现象自动重复萃取的设备！

了不起的结构！

唰

含芝麻油的己烷

⑤滞留的己烷通过虹吸现象一口气流入烧瓶。此后不断重复步骤②~⑤，芝麻油浓度越来越高。

④外侧管道的液面到达虹吸管部分的最高点（在此期间，萃取不断进行）。

纤维滤筒君

正式名称　纤维滤筒（cellulose extraction thimble）

擅长技能　将待萃取的物质装在里面。

角色特性　位于索氏萃取器中的最重要位置，但本人并不是很明白。

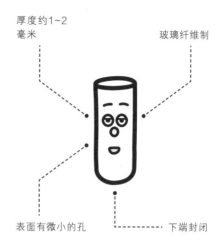

厚度约1~2毫米

玻璃纤维制

表面有微小的孔

下端封闭

水浴锅君

正式名称　水浴锅（water bath）

擅长技能　内部装水加热。

角色特性　水浴锅君沉默寡言，所以能言善辩的锅盖和它是最佳搭档。

口径大小可以随取下的锅盖数量而变化

把手

铜制

焰色反应以FR7之名，自称英雄。

所以……

与FR7的对抗意识

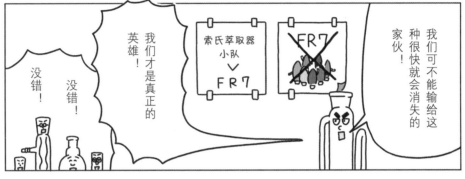

我们可不能输给这种很快就会消失的家伙！

我们才是真正的英雄！

没错！

没错！

FR7每个都有属于自己的武器……

啊，对了……

……

?

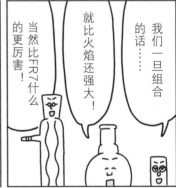

就比火焰还强大！

当然比FR7什么的更厉害！

我们一旦组合的话……

烧杯君笔记

▶ 索氏萃取器小队的成员会用什么武器呢

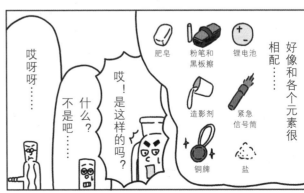

好像和各个元素很相配……

肥皂

粉笔和黑板擦

锂电池

造影剂

紧急信号筒

铜牌

盐

哎呀呀……

什么？不是吧……

哎！是这样的吗？

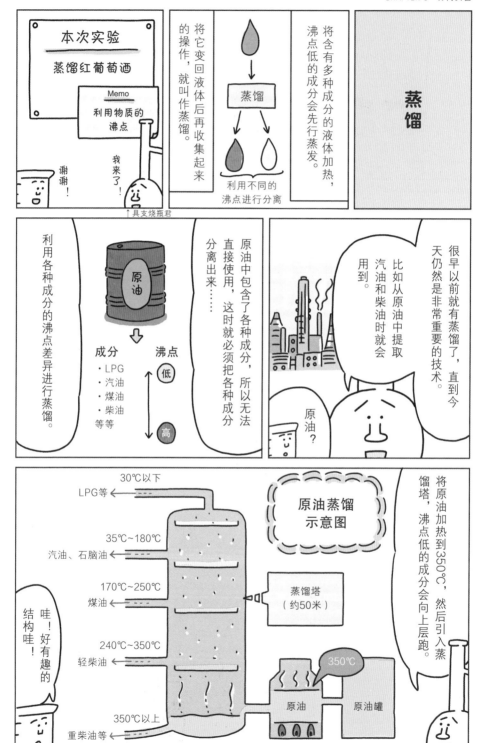

本次实验

蒸馏红葡萄酒

Memo
利用物质的沸点

谢谢！

我来了！

↑具支烧瓶君

将它变回液体后再收集起来的操作，就叫作蒸馏。

蒸馏

利用不同的沸点进行分离

将含有多种成分的液体加热，沸点低的成分会先行蒸发。

蒸馏

利用各种成分的沸点差异进行蒸馏。

原油

成分　沸点
·LPG　低
·汽油
·煤油
·柴油　高
等等

原油中包含了各种成分，所以无法直接使用，这时就必须把各种成分离出来……

比如从原油中提取汽油和柴油时就会用到。

原油？

很早以前就有蒸馏了，直到今天仍然是非常重要的技术。

30℃以下
LPG等

35℃~180℃
汽油、石脑油

170℃~250℃
煤油

240℃~350℃
轻柴油

350℃以上
重柴油等

原油蒸馏示意图

蒸馏塔
（约50米）

350℃

原油　原油罐

将原油加热到350℃，然后引入蒸馏塔，沸点低的成分会向上层跑。

哇！好有趣的结构哇！

而比如香水或威士忌等酒类生产过程中也会用到这种技术。

海水淡化　←　威士忌、烧酒

香水

另外，沸点低的成分叫作「轻」，高的成分叫作「重」，这也是为什么会有「轻油」「重油」这样的名字。

并不是指轻型汽车的燃料和重型卡车的燃料哦。

原来是这样啊！

而这次的主题是红葡萄酒……

通过蒸馏来提取乙醇（酒精成分）。

重点在于水和乙醇的混合物。

那么来做实验吧！

好！

红葡萄酒的蒸馏

②蒸发的乙醇冷却成液体。

①将红葡萄酒加热到80℃~85℃。

避免密封

脱脂棉先生

③接收液体。

滴答滴答

流动的冷却用水

咕嘟 咕嘟

防止突沸

沸石们

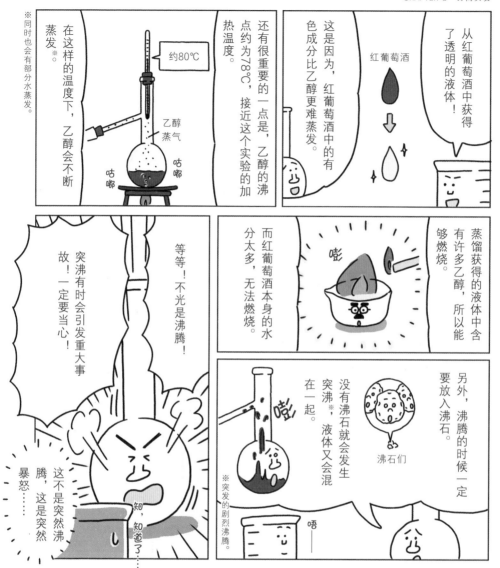

从红葡萄酒中获得了透明的液体！

红葡萄酒

这是因为，红葡萄酒中的有色成分比乙醇更难蒸发。

还有很重要的一点是，乙醇的沸点约为78℃，接近这个实验的加热温度。

约80℃

在这样的温度下，乙醇会不断蒸发※。

乙醇蒸气

咕嘟

咕嘟

※同时也会有部分水蒸发。

蒸馏获得的液体中含有许多乙醇，所以能够燃烧。

而红葡萄酒本身的水分太多，无法燃烧。

另外，沸腾的时候一定要放入沸石。

沸石们

没有沸石就会发生突沸，液体又会混在一起。

※突发的剧烈沸腾。

等等！不光是沸腾！

突沸有时会引发重大事故！一定要当心！

这不是突然沸腾，这是突然暴怒……

知，知道了

烧杯君笔记

▶ 不放沸石，具支烧瓶会发怒

学习蒸馏时，大家都会想到蒸馏酒的制造。我曾经根据生物课上学习的乙醇发酵知识，弄来许多干酵母，配了大量葡萄糖溶液，进行了30℃水浴……总之，费了好大的力气准备。后来意识到蒸馏这回事，才想到实验室里不是有很多乙醇嘛（乙醇是绝对不能喝的）。只要用蒸馏水稀释数倍……当然，好孩子可不能学这个（另外，未成年绝对不能喝酒）。

红葡萄酒蒸馏实验

实验目的

· 了解蒸馏的原理。

实验步骤

①向具支烧瓶中倒入红葡萄酒。
②安装好设备，开始加热。
③将温度调整到80℃左右。
④接收产生的液体。

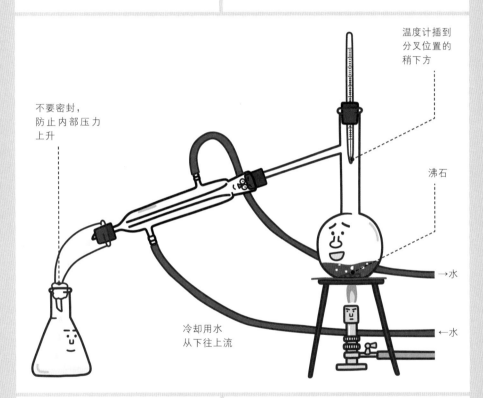

温度计插到分叉位置的稍下方

不要密封，防止内部压力上升

沸石

→水

←水

冷却用水从下往上流

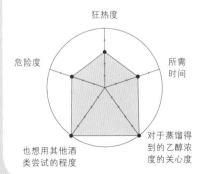

狂热度

危险度

所需时间

也想用其他酒类尝试的程度

对于蒸馏得到的乙醇浓度的关心度

一点小建议

Onepoint Advice

"如果一开始忘记放入沸石，

一定要等温度

下降以后再放！"

沸石们

正式名称	沸石（boiling stone）
擅长技能	含有气泡，可以防止突沸。
角色特性	口中也有气泡，所以一直都张着嘴。

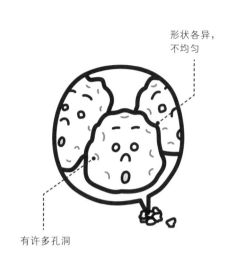

形状各异，
不均匀

有许多孔洞

雷达图坐标：
狂热度
易损程度
凹凸不平度
放入液体时担心溶解的不安度
价格

脱脂棉先生

正式名称	脱脂棉（absorbent cotton）
擅长技能	能让空气通过的盖子。
角色特性	总是笑嘻嘻的。

软绵绵的，能够变成
各种形状

用强碱做了脱脂
处理

雷达图坐标：
狂热度
易损程度
医疗上使用的频繁度
吸水性
价格

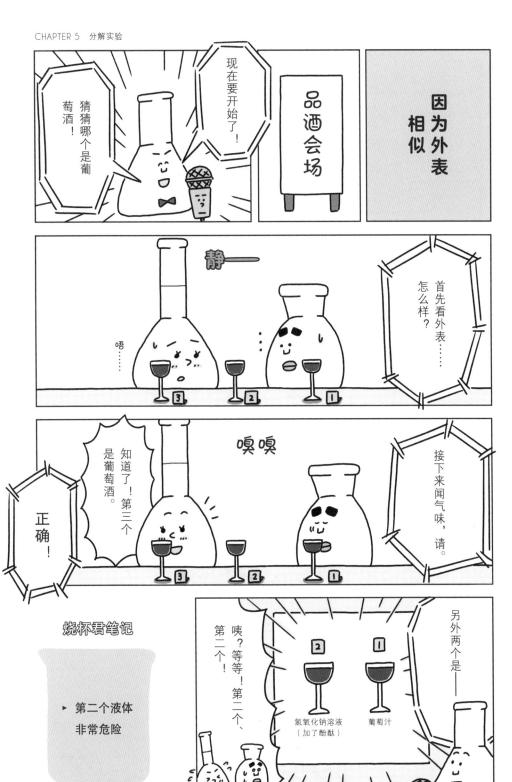

示意图

用离子交换离子啊，明白了！

用离子交换食盐水中的离子就可以吗？

没错！将食盐水的Na⁺和Cl⁻变成H⁺和OH⁻。

食盐水（NaCl溶液）

水（H₂O）

关于我们的详细结构稍后再解释。

先来做实验吧！

好

甲基橙
黄色→中性

硝酸银 AgNO₃
无反应→没有Cl⁻

确认味道!

实验完毕

实验步骤

水

食盐水

阴离子交换树脂（带OH⁻的状态）

阳离子交换树脂（带H⁺的状态）

玻璃过滤器

④ 用三种方法确认得到的液体是水。

③ 让步骤②中得到的液体通过阴离子交换树脂（用OH⁻交换Cl⁻）。

② 让食盐水通过阳离子交换树脂（用H⁺交换Na⁺）。

① 将经过前置处理的离子交换树脂装入两根过滤器中。

看来食盐水已经变成水了。那么接下来解释原理。

不咸了！

烧杯君，尝尝看最后得到的液体。

嗯嗯……

舔

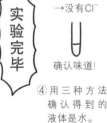
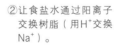

离子交换树脂的原理

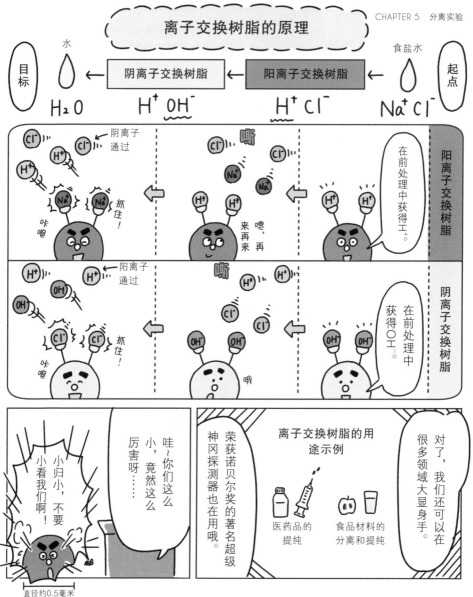

离子交换是很前沿的技术。离子交换树脂君们具有神奇的力量，它们能够去除干扰实验的杂乱离子（目的之外的）。在微量的离子反应也会产生干扰的分析实验情况下，即使是蒸馏水，也要经过离子交换才能使用。不过，去掉离子的水不仅味道不好，而且据说喝得太多会闹肚子，所以不要乱喝哦！

用食盐水制作纯水的实验

实验目的

· 亲身感受离子交换。

实验步骤

①将经过前处理的离子交换树脂装入过滤器。

②让食盐水通过阳离子交换树脂。

③让步骤②中得到的液体通过阴离子交换树脂。

④确认变成了纯水。

食盐水

均匀填满离子交换树脂，不要留气泡

玻璃过滤器

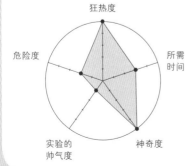

狂热度

危险度

所需时间

实验的帅气度

神奇度

一点小建议

Onepoint Advice

"离子交换树脂

再生后，可以

重复使用。"

阳离子交换树脂君们

正式名称　阳离子交换树脂（cation-
　　　　　　exchange resin）

擅长技能　交换阳离子。

角色特性　迷人的倒八字眉。

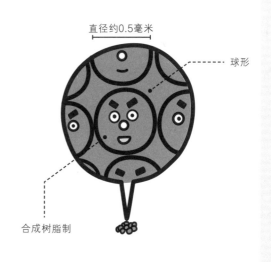

直径约0.5毫米

球形

合成树脂制

阴离子交换树脂君们

正式名称　阴离子交换树脂（anion-
　　　　　　exchange resin）

擅长技能　交换阴离子。

角色特性　迷人的正八字眉。

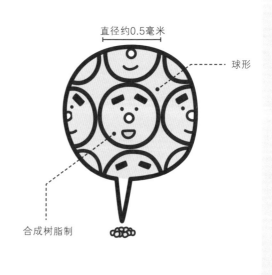

直径约0.5毫米

球形

合成树脂制

｛ 实验用水的种类 ｝

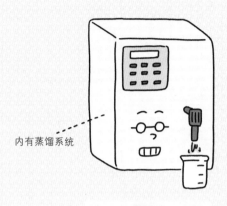

蒸馏水

→通过蒸馏去除杂质（如离子成分、有机物、细菌等）后的水。

内有蒸馏系统

内有离子交换树脂

离子交换水

→去除了金属离子等离子成分的水。

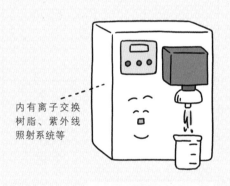

内有离子交换树脂、紫外线照射系统等

超纯水

→将几种方法组合起来，最大限度地去除杂质的水。有极高的溶解能力，也用于半导体的清洗。

在中小学里不一定会用到，但在大学时会根据实验要求使用不同种类的水。

自来水里的杂质会影响实验结果。

本次实验

分离样本中的金属离子（Ag^+、Cu^{2+}、Fe^{3+}、Mn^{2+}、Ca^{2+}、Na^+）

Memo
了解金属离子的性质

拜托了！

嗯。

滤纸君

沉淀是指化学反应中生成的固体物质以及该现象。

滴答

滴答

我是沉淀。

沉淀

沉淀反应？

利用沉淀反应啊！

沉淀

咦？

那要怎么做呢？

这个实验又叫系统分离，是将样本中含有的金属离子逐一分离出来。

比如溶液中含有Ag^+的时候，加上盐酸就会出现沉淀。

然后，将沉淀过滤取出，就完成了Ag^+的分离。

不过需要注意的是，「某些离子会出现类似的沉淀反应」。

比如银离子Ag^+和铅离子Pb^{2+}都能和盐酸反应，产生沉淀。

稀盐酸

过滤

出现沉淀（AgCl）

含有Ag^+的溶液

Ag^+分离完毕。

146

金属离子的分类

组	分组试剂	金属离子
I	稀盐酸	Ag^+、Pb^{2+}
II	硫化氢（酸性条件下）	Cu^{2+}、Hg^{2+}、Cd^{2+}
III	氨水	Al^{3+}、Fe^{3+}、Cr^{3+}
IV	硫化氢（碱性条件下）	Mn^{2+}、Ni^{2+}、Zn^{2+}
V	碳酸铵水溶液	Ca^{2+}、Ba^{2+}、Sr^{2+}
VI	无	Na^+、K^+

而像Ag^+和Pb^{2+}这样具有相似性质的金属离子，共有6组。

对了，分组试剂就是指会引起类似沉淀反应的试剂。

那么，同组的离子要如何区分呢？

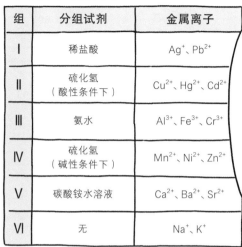

别着急！

当然能分开。

比如，往含有Ag^+和Pb^{2+}溶液中滴入盐酸，会产生含有两种离子的沉淀。

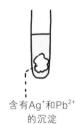

含有Ag^+和Pb^{2+}的沉淀

但如果用热水处理这些沉淀……

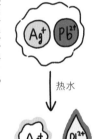

热水

Ag^+ 还是沉淀

Pb^{2+} 溶解

这两个就分开了。

这是利用了Pb^{2+}与盐酸的沉淀易溶于热水的性质。

就是把沉淀反应和各沉淀的性质结合起来。

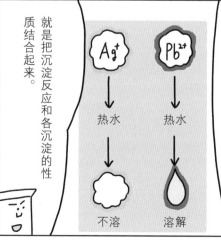

Ag^+ 热水 → 不溶

Pb^{2+} 热水 → 溶解

没错！不过，这次的实验好像没有同组的离子哦。

好～那么开始做实验吧！

金属离子的系统分离步骤

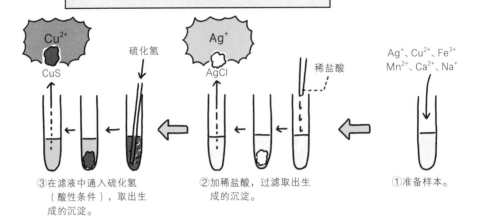

③在滤液中通入硫化氢（酸性条件），取出生成的沉淀。

②加稀盐酸，过滤取出生成的沉淀。

①准备样本。

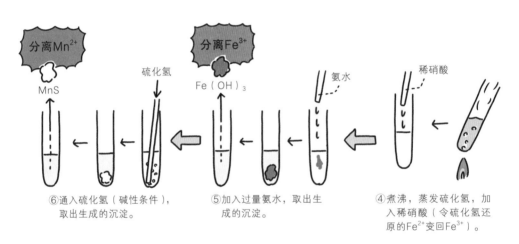

⑥通入硫化氢（碱性条件），取出生成的沉淀。

⑤加入过量氨水，取出生成的沉淀。

④煮沸，蒸发硫化氢，加入稀硝酸（令硫化氢还原的Fe^{2+}变回Fe^{3+}）。

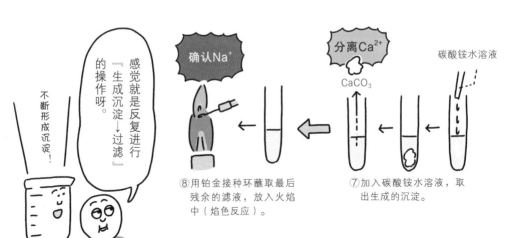

⑧用铂金接种环蘸取最后残余的滤液，放入火焰中（焰色反应）。

⑦加入碳酸铵水溶液，取出生成的沉淀。

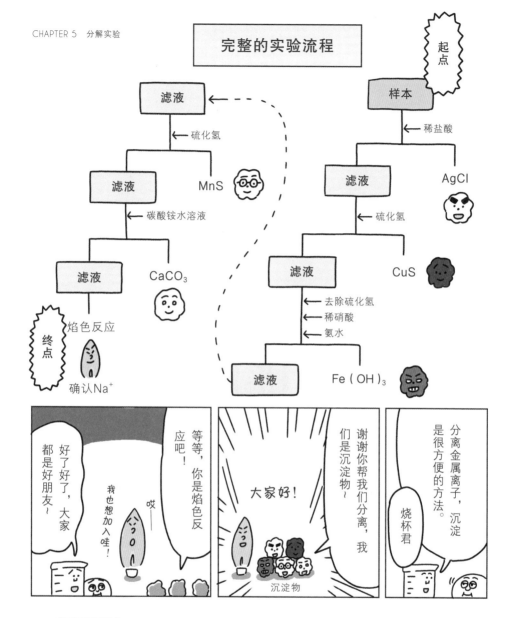

烧杯君笔记

▶ 系统分离的最后是焰色反应

沉淀物有很多颜色，所以各种沉淀实验都很受欢迎。我最喜欢的是铬酸银沉淀，将透明的硝酸银和淡黄色的铬酸钙溶液相混合，就会产生超乎预想的红褐色沉淀。另外，硫酸铜和氨水再加氢氧化钠溶液会产生蓝色氢氧化铜沉淀，谁看了都会觉得美丽。它们不仅是重要的化学实验，也因色彩与现象的和谐而广受欢迎，与焰色反应的受欢迎程度难分伯仲。

金属离子的系统分离实验

实验目的

· 亲身感受金属离子的性质差异。

实验步骤

① 准备好含有Ag^+、Cu^{2+}、Fe^{3+}、Mn^{2+}、Ca^{2+}、Na^+的样本。

② 使用各分组试剂，取出沉淀。

③ 最后通过焰色反应确认Na^+。

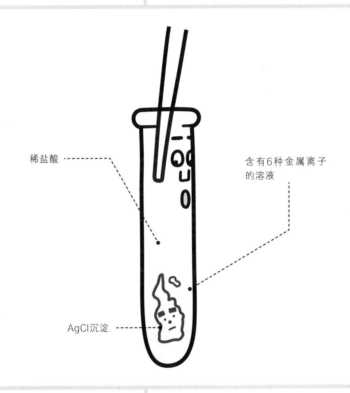

稀盐酸

含有6种金属离子的溶液

AgCl沉淀

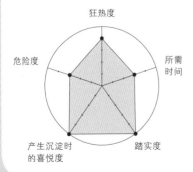

狂热度

所需时间

踏实度

产生沉淀时的喜悦度

危险度

一点小建议

Onepoint Advice

"一定要在通风橱里使用硫化氢！"

沉淀物

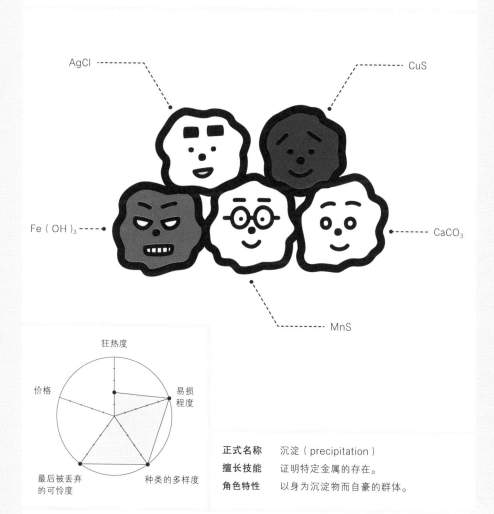

AgCl

CuS

Fe（OH）₃

CaCO₃

MnS

狂热度

价格

易损程度

最后被丢弃的可怜度

种类的多样度

正式名称	沉淀（precipitation）
擅长技能	证明特定金属的存在。
角色特性	以身为沉淀物而自豪的群体。

实验伙伴

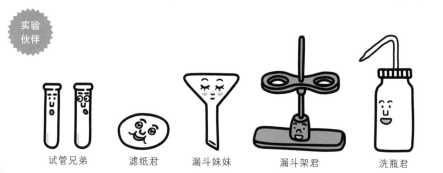

试管兄弟　　滤纸君　　漏斗妹妹　　漏斗架君　　洗瓶君

相 关 术 语 解 说

附录 1

内容千差万别，比如，从河流中采集的水样、田地里的土壤、地质调查中获得的岩石、野外调查中获得的物品、动物植物等各种生物的细胞等。也有很多时候，样本非常有限，需要用心斟酌如何使用。

☞ 纯水

去除水中含有的不纯物质及矿物质后得到的净化水。在精密分析等实验中必须使用纯水。不过，虽然说是净化后的水，但如果喝到肚子里，也有可能出现拉肚子的情况，所以还是推荐大家喝饮用水。如果将纯水阶段没有去除干净的物质全部去除掉，还会得到超纯水。

☞ 调零

这是在使用天平之前需要做的步骤。不要在测量位置上放任何物体，将指示值调整到0点。虽然它也在天平的使用方法

☞ 焰色反应

在金属离子的系统分离实验中，最后不可或缺的工程之一，就是这个反应，它可以分辨出残留到最后的物质。不过对于大部分人来说，相比于实验室里的反应，更熟悉的焰色反应实验应该是放烟火吧。

☞ 结晶

分子等微粒排列规则的物质个体。有的像明矾结晶那样呈八面体，也有的像食盐结晶那样呈六面体。把各种物质溶解、结晶，思考其中的原因，也会是非常有趣的研究课题。由于比较费时，所以是一种需要耐心完成的实验。

☞ 样本

为了进行分析等所准备的实验品、实验材料等。在不同的实验室中，这个词所指的

☞ 斐林反应

这是用德国化学家斐林发明的斐林液所做的反应。用这种斐林溶液进行红色沉淀实验，也是课本和文献中的重要实验之一。第一次见到的时候，人们常常会很吃惊地叫一声"哇，好红"。它会产生非常美丽的红色沉淀。

☞ 苯、苯环

这是指分子式为C_6H_6的化合物，结构为正六边形的环状，构成正六边形的6个碳原子周围结合了6个氢原子。结构式中一旦出现苯，化学氛围就会变浓。看到许多正六边形连在一起时，也是很有趣的体验。包含苯的物质被称为芳香族，许多都带有气味。至于说是不是"好闻的味道"，那就得另当别论了。

☞ 收集

收集特定的成分，比如实验中生成的气体等。对于气体来说，由于很难确认到底有没有顺利完成收集，所以直到实验结束，都会一直提着一颗心。

中登场，但很容易被忘记。一旦忘记，往往要在实验接近结束的时候才会发现，这会导致之前的所有的测量结果都无效，真是个可怕的陷阱。

☞ 润洗

用实验时将会用到的液体冲洗实验器具。这是分析实验中经常会采取的步骤。一般冲洗2~3次，这样可以防止分析对象之外的东西混入。不过，很多时候分析样本的数量有限，如何善用仅有的一点数量也是极难的技巧，有时候甚至比实验本身还让人头痛。

☞ 废液

是指各种试剂的混合物，比如调配多余的试剂、配比错误的试剂、倒了1ml以后剩下的盐酸等。将这些混合物倒进废液缸时，常常会把搅拌子一起倒进去，这时候就很难把它找回来。有时候，倒进废液缸里的液体之间也会发生中和反应，接近中性，但大多数情况都是极度偏酸或者偏碱的。因此把手伸进去非常危险，绝对不要那么做。

不管什么物质，都是由元素构成的。

我是碳和氧的组合。

CO_2

O_2

氦在这里！

嗯嗦 H_2 He

			IIIA 13	IVA 14	VA 15	VIA 16	VIIA 17	0 18
VIII 10	IB 11	IIB 12						2 He 氦
			5 B 硼	6 C 碳	7 N 氮	8 O 氧	9 F 氟	10 Ne 氖
			13 Al 铝	14 Si 硅	15 P 磷	16 S 硫	17 Cl 氯	18 Ar 氩
28 Ni 镍	29 Cu 铜	30 Zn 锌	31 Ga 镓	32 Ge 锗	33 As 砷	34 Se 硒	35 Br 溴	36 Kr 氪
46 Pd 钯	47 Ag 银	48 Cd 镉	49 In 铟	50 Sn 锡	51 Sb 锑	52 Te 碲	53 I 碘	54 Xe 氙
78 Pt 铂	79 Au 金	80 Hg 汞	81 Tl 铊	82 Pb 铅	83 Bi 铋	84 Po 钋	85 At 砹	86 Rn 氡
110 Ds 鿏	111 Rg 𬬭	112 Cn 鿔	113 Nh 鉨	114 Fl 𫓧	115 Mc 镆	116 Lv 鉝	117 Ts 鿬	118 Og 鿫

63 Eu 铕	64 Gd 钆	65 Tb 铽	66 Dy 镝	67 Ho 钬	68 Er 铒	69 Tm 铥	70 Yb 镱	71 Lu 镥
95 Am 镅	96 Cm 锔	97 Bk 锫	98 Cf 锎	99 Es 锿	100 Fm 镄	101 Md 钔	102 No 锘	103 Lr 铹

元素周期表

元素符号上的数字表示原子序数。原子序数104以后的元素，在周期表上的位置都是暂定的。

IA	IIA	IIIB	IVB	VB	VIB	VIIB	VIII	VIII
1 H 氢								
3 Li 锂	4 Be 铍							
11 Na 钠	12 Mg 镁							
19 K 钾	20 Ca 钙	21 Sc 钪	22 Ti 钛	23 V 钒	24 Cr 铬	25 Mn 锰	26 Fe 铁	27 Co 钴
37 Rb 铷	38 Sr 锶	39 Y 钇	40 Zr 锆	41 Nb 铌	42 Mo 钼	43 Tc 锝	44 Ru 钌	45 Rh 铑
55 Cs 铯	56 Ba 钡	57~71 镧系	72 Hf 铪	73 Ta 钽	74 W 钨	75 Re 铼	76 Os 锇	77 Ir 铱
87 Fr 钫	88 Ra 镭	89~103 锕系	104 Rf 𬬻	105 Db 𬭊	106 Sg 𬭳	107 Bh 𬭛	108 Hs 𬭶	109 Mt 鿏

镧系	57 La 镧	58 Ce 铈	59 Pr 镨	60 Nd 钕	61 Pm 钷	62 Sm 钐
锕系	89 Ac 锕	90 Th 钍	91 Pa 镤	92 U 铀	93 Np 镎	94 Pu 钚

找 不 同

比较左右两边的图，看看哪里不一样？
不同的地方一共有10处。（答案见
p.159）

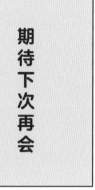

期待下次再会

实验就这样结束啦~

有没有感觉很开心哪？

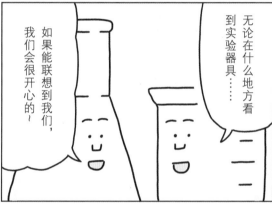

无论在什么地方看到实验器具……

如果能联想到我们，我们会很开心的~

那么再见啦！

记得关灯！

啪

遵命！

感谢你的阅读哦！

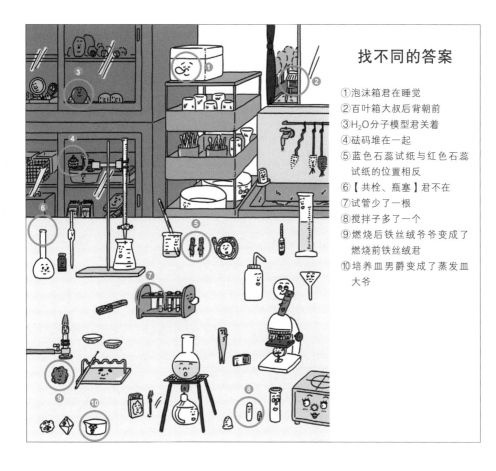

找不同的答案

①泡沫箱君在睡觉

②百叶箱大叔后背朝前

③H_2O分子模型君关着

④砝码堆在一起

⑤蓝色石蕊试纸与红色石蕊
　试纸的位置相反

⑥【共栓、瓶塞】君不在

⑦试管少了一根

⑧搅拌子多了一个

⑨燃烧后铁丝绒爷爷变成了
　燃烧前铁丝绒君

⑩培养皿男爵变成了蒸发皿
　大爷

版权登记号：01-2021-2592

图书在版编目（CIP）数据

烧杯君的快乐化学实验 /（日）上谷夫妇著；丁子承译. -- 北京：现代出版社，2021.7
ISBN 978-7-5143-9226-5

Ⅰ. ①烧…　Ⅱ. ①上…　②丁…　Ⅲ. ①化学实验－少儿读物　Ⅳ. ①O6-3

中国版本图书馆CIP数据核字（2021）第090752号

BEAKER KUN NO YUKAI NA KAGAKU JIKKEN : SONO TEJUN NI HA WAKE GA ARU !

Copyright © 2018, Uetanihuhu.

Chinese translation rights in simplified characters arranged with

Seibundo Shinkosha Publishing Co., Ltd.

through Japan UNI Agency, Inc., Tokyo

本书为中文译版，对于一部分插画，现代出版社基于中国的实际情况进行了变更。
具体修改页面如下：
酒精灯液面位置：p.6、p.14、p.18、p.19
试管夹位置：p.17、p.26
托盘天平左右调换：p.22
分液漏斗规范：p.34
酸式滴定管改为碱式滴定管：p.76、p.77、p.80、p.81

烧杯君的快乐化学实验

作　　者	［日］上谷夫妇
译　　者	丁子承
责任编辑	李　昂　崔雨薇
封面设计	八　牛
出版发行	现代出版社
通信地址	北京市安定门外安华里504号
邮政编码	100011
电　　话	010-64267325　64245264（传真）
网　　址	www.1980xd.com
电子邮箱	xiandai@vip.sina.com
印　　刷	北京瑞禾彩色印刷有限公司
开　　本	710mm*1000mm　1/16
印　　张	10
字　　数	120千
版　　次	2021年7月第1版　2024年11月第6次印刷
书　　号	ISBN 978-7-5143-9226-5
定　　价	58.00元